Callwey

Holger Reiners/Ulrich Timm

WOHNKULTUR UNTER GLAS

DER WINTERGARTEN

Ideen und Beispiele für
Konstruktion, Einrichtung und Bepflanzung

Callwey

Dank

Allen Architekturbüros und ihren Mitarbeitern, den Bauherren und den Fotografen sei an dieser Stelle noch einmal ganz herzlich für ihr freudiges Engagement gedankt. Ohne die großzügige Mitarbeit aller Beteiligten hätte dieses Buch nicht entstehen können. Außerdem gilt unser Dank Frau Andrea Schacht, die alle eingereichten Planunterlagen für die Projektdokumentation neu gezeichnet hat.

Alle Pläne im Beispielteil sind, wenn nicht eigens angegeben, im Maßstab 1 : 250 abgedruckt.

Zu Seite 2
Alle Räume dieser amerikanischen Villa öffnen sich zum zentralen Wintergarten, der durch seine großzügige Architektur besticht.

Die Deutsche Bibliothek – CIP-Einheitsaufnahme
Der *Wintergarten* : Wohnkultur unter Glas ; Ideen und Beispiele für Konstruktion, Einrichtung und Bepflanzung / Holger Reiners ; Ulrich Timm. - 2. Aufl. - München : Callwey, 1994
ISBN 3-7667-1089-3
NE: Reiners, Holger [Mitverf.]; Timm, Ulrich [Mitverf.]

2. Auflage 1994

Umschlaggestaltung Baur + Belli Design, München
Lithos Fotolito Longo, Frangart, Italien
Satz und Montage Auer, Donauwörth
Druck Kastner & Callwey, München
Bindung Auer, Donauwörth
Printed in Germany 1994
ISBN 3-7667-1089-3

INHALT

◇

Hier wurden die alten Elemente des Wintergartens, des englischen Conservatory, rekonstruiert und mit neuer Technik (motorisch betriebene Belüftung) ausgestattet. Die Einfachverglasung sorgt für die angenehm schlanken Sprossenprofile.

◇

Ein Traumwintergarten aus dem 19. Jahrhundert. Vor wenigen Jahren vor dem Verfall bewahrt und liebevoll restauriert. Ein repräsentatives Gartenzimmer, dessen Gestaltungsreichtum heute wieder Maßstäbe setzt.

»ICH BIN EIN WINTERGARTENMANN«

Wolfram Siebeck

Vor zehn Jahren las ich in der »International Herald Tribune« eine Anzeige, wonach in Saché ein Haus zu vermieten war. Saché ist ein romantischer Ort in der Tourraine; Balzac hat dort »Die Lilie im Tal« geschrieben. Den Touristen wird sein Zimmer im Schloß gezeigt, mit besonderem Hinweis auf die Kaffeeflecke am Nachttisch.

Das zu mietende Haus hatte dem Maler Calder gehört und wurde verführerisch angepriesen. Ich rief an. Eine Amerikanerin beschrieb das Haus, und was sie sagte, klang gut. Der Mietpreis schien angemessen. »Ist auch ein Garten dabei?«, fragte ich. Nein, antwortete die Dame, aber ein »enormous greenhouse« gehöre dazu. Und an der Art, wie sie die zweite Silbe von »enormous« auseinanderzog, erkannte ich, daß man darin wohl Fußball spielen könnte. Es stünden dort wertvolle Zitrusbäume, fuhr die Dame fort, also müsse ständig geheizt werden, was im Monat umgerechnet 2500 Mark Extrakosten verursache. Ich bin nicht nach Saché gezogen.

Ich habe auch heute keinen Wintergarten. Doch immer wenn ich von Wintergärten lese, fällt mir Saché ein, und ich habe das Gefühl, eigentlich sei ich ein Wintergartenmann. Vielleicht war das »greenhouse« gar kein richtiger Wintergarten, sondern ein Treibhaus von der Sorte wie in dem Filmklassiker »Drôle de Drame«, wo Michel Simon seine fleischfressenden Pflanzen mit selbstgefangenen Fliegen füttert.

Fleischfressende Pflanzen sollten in einem Wintergarten jedenfalls nicht fehlen; sie können bei unerwünschten Besuchern nützlich sein. Deshalb gefällt mir auch Nero Wolfe, dieser dicke Detektiv, der sein Haus nie verläßt. Dafür fährt er mit dem Fahrstuhl täglich in seinen Wintergarten hinauf, wo er beim Anblick der Orchideen die verzwicktesten Mordfälle löst. Auch Chandler läßt einen seiner Kultkrimis in einem Wintergarten beginnen: alter Mann im Rollstuhl, steinreich, zwei beunruhigende Töchter, exotische Pflanzen, warm, feucht, grün, und Philip Marlowe mittendrin – so etwas mußte einfach verfilmt werden (»The big sleep«).

Wintergärten sind für mich keine Realität, sondern ein Stück Literatur. Bei den Büchern Somerset Maughams habe ich immer den Eindruck, sie spielten in riesigen Wintergärten und nicht in Asien. Die Korkwände im Schlafzimmer von Marcel Proust, was ist das denn anderes als der Versuch eines Wintergartens, dessen reale Existenz der Asthmatiker Proust wahrscheinlich nicht ertragen hätte?

Selbstverständlich sind Wintergärten extrem nostalgisch. Sich Updike oder Walser in einem Wintergarten vorzustellen scheint mir unmöglich. In einem Wintergarten kann man zwar wunderbar schreiben, dichten oder malen. Aber nicht im T-Shirt und nicht in Pantoffeln. Ich gehe so weit zu fordern, im Wintergarten müsse Hutzwang herrschen! Weiße Hüte, das versteht sich von selbst. Tom Wolfe ist ein Wintergartenautor. Virginia Wolfe (weder verwandt noch verschwägert) sieht aus, als habe sie den Wintergarten nie verlassen. Auch Golo Mann ist vorstellbar, wie er seine Lieblingslilie streichelt; ebenso Ernst Jünger, Kleininsekten auf den fleischiggrünen Blättern jagend. Nicht nur die Kulturi, die für das Künstliche, Arrangierte ohnehin empfänglicher sind als der Rest der Menschheit, nicht nur Dichter und Spinner finden in einem Wintergarten ideale Existenzbedingungen. Auch Bankiers kann ich mir dort gut vorstellen. Die Abgeschlossenheit mag sie an den Tresorraum im Keller erinnern, der Ginkgobaum an den Kurs des Yen. Vor allem aber wären die frommen Männer der Kirche in ihren schmucken Soutanen eine Zierde für jedes *greenhouse*. Wenn sie dort, ins Brevier vertieft, auf und ab wandeln, bedürfte es schon der »Eva« von Lucas Cranach, um zwischen den Palmen, Lianen und Lilien eine ebenso passende Besetzung zu finden.

FREIRÄUME IN DER ARCHITEKTUR

Erhard Tränkner
Präsident des Bundes Deutscher Architekten (BDA)

Glas ist heute wohl der beliebteste »Stoff« geworden. Egal wie einer baut, wie er Architektur sieht, wem er dient und für was er sich einsetzt: Glas ist immer dabei. Ganz besonders dann, wenn die Architektur »offen« sein soll, Gebäude »transparent« werden müssen. Attribute, mit denen man heute gerne Architektur behängt. Jedoch ist Architektur noch nicht offen, wenn sie viel Glas hat und noch nicht transparent, wenn man hineinschauen kann in die Häuser. Oder besser: so lassen sich die Begriffe nicht einfach auf Architektur anwenden. Beide sind, recht verstanden, viel mehr inhaltlicher Natur. Offenheit ist eine atmosphärische Dimension. Sie ist architektonisch erreicht, wenn sie sich »mitteilt«, wenn sie empfunden wird, wenn sie eben diese Stimmung erzeugt. Und dazu reicht nicht viel Glas allein.

Ähnlich ist es mit der Transparenz. Damit kann nicht nur optische Durchsichtigkeit oder die Möglichkeit der Einsicht gemeint sein. Auch mit diesem Attribut ist ein Gefühl angesprochen, welches Architektur vermitteln kann. Eher im Sinne des Erkennens von Zusammenhängen der organisatorischen, funktionalen Abläufe; wie mit den Dingen, z. B. den einzelnen Bauteilen, umgegangen wurde, wie konstruktive und gestalterische Maßnahmen eingesetzt sind und wie sie sich in Zusammenhängen mitteilen.

Alles Gebaute wird Architektur, ob wir wollen oder nicht; denn der Begriff ist längst nicht mehr gebunden an nur besondere Bauwerke. Architektur steht nicht mehr, wie vielleicht früher, auf einem Podest. Sie ist bei der Fülle unserer baulichen Äußerungen vom Podest heruntergekommen und alltäglich geworden. Sicher gibt es herausragende Bauaufgaben, die besondere Lösungen in Architektur rechtfertigen. Aufgaben, die schlechte Architektur rechtfertigen, gibt es dagegen nicht.

◇

Freiräume – die heutige Glasarchitektur setzt markante Zeichen. Geometrisch einfache Formen mit großem Raumvolumen bei kleiner Abstrahlfläche sind die konsequente Folge energiebewußten Bauens.

Bauaufgaben sollten – ob groß oder klein – als Individuen gesehen werden, die ihre Gestalt finden wollen, eingebunden in Zeit und Ort, nachbarschaftlichen Kontakt aufnehmend, sich behutsam einfügend und rücksichtsvoll ausbreitend. Dies erfordert mehr als nur künstlerische Kreativität oder nur technische Perfektion oder nur Ästhetisierung oder nur Funktionalität. Dies erfordert alles zusammen, aber so gefiltert schließlich, daß sinnliche Komponenten nicht verlorengehen.

Das ist nun ein gutes Stichwort für Wintergärten, die gleichzeitig Sommergärten sind, für den großen oder kleinen Glasanbau ans Haus, für die integrierten, vollverglasten Wohn- bzw. Lebensbereiche bei Neubauten. Kaum kann man sich andere Bauteile vorstellen, die in solch hohem Maße individuellen Bedürfnissen entsprechen können und mit sinnlichen Komponenten angereichert sind, von sich aus schon. Da ist wenig, was von außen trennt, da ist man wie im Freien, da fühlt man sich leicht und zwanglos, kurz: in einer besonderen Situation. Die Qualität dieser Situation ist offensichtlich von solcher Animation, daß einerseits viel Phantasie freigesetzt wird und andererseits kleine Mängel der Nutzung ohne weiteres in Kauf genommen werden. Der Winter-Sommer-Garten scheint wie eine Insel, auf die man sich retten kann, wo man hinflüchten kann. Wovor aber retten, warum flüchten? Vielleicht aus der Langeweile und gestalterischen »Enge« üblichen Wohnungsbaus, aus den so zweckgebunden bearbeiteten Einzelheiten der Nutzung – Wohnzimmer, Schlafzimmer, Küche, Bad –, retten aus »Notwendigkeiten«, die wir als Zwänge empfinden, in den eigentlich nicht notwendigen Raum, den wir als Freiheit empfinden? Aus strenger Zweckmäßigkeit in eher Zwanglosigkeit. Das wird es sein.

LICHT UND ARCHITEKTUR

Mit dem Klang des Wortes Wintergarten verbindet sich für uns fast wie von selbst etwas Wunderbares: Die heitere Stimmung lichtdurchfluteter Räume, die Illusion einer südlichen Landschaft durch duftende, subtropische Gewächse und – in der Geborgenheit einer gläsernen Hülle – ein Klima von besonderem Reiz.

Es scheint, daß die alten romantischen Gefühle wieder da sind. Der Stolz, ein Stück bewahrte Natur zu besitzen, geschützte Natur unter Glas, ergreift immer mehr Menschen. Vielleicht auch einen Ort der Zerstreuung zu entdecken, der Pflanzenliebhabern, Sternenguckern und Genießern jeder Art gleichermaßen gefällt. Wer kann sich denn schon dieser Anziehungskraft entziehen, wenn zum Beispiel bei winterlicher Kälte drinnen im Glashaus sommerliche Temperaturen entstehen? Ursache für die Wiederbelebung der Naturgefühle mag vor allem der alte Menschheitstraum sein, sich paradiesische Verhältnisse zu schaffen. Ein Leben ohne die Unbilde des wirklichen Klimas zu führen und eins zu werden mit der Natur.

Bei dem Bemühen, dieses Ziel zu erreichen, versuchen die Menschen seit jeher, die Natur zu überlisten, geradezu das Wachstum zur Eile anzutreiben. Ein Wettkampf zwischen der menschlichen Erfindungsfreude und der Gelassenheit der Natur, der andauert.

Das freistehende Garten- und Pflanzenhaus war als Blickpunkt selbstverständlicher Teil des Bauprogramms jedes großen Villenanwesens im 18. Jahrhundert.

Die Anfänge

Werden die Stationen dieses Wettstreites in Erinnerung gebracht, begannen die Menschen in der Antike, Pflanzen mit eßbaren Früchten in einfachsten Häusern mit durchscheinenden, dünnen Steinplatten zu ziehen und so vor der Witterung zu schützen. Die ersten Erkenntnisse der passiven Solarenergie wurden von den Römern ganz praktisch und sehr erfolgreich für ihre Badekultur (Thermen) eingesetzt. Auf die nach Süden ausgerichtete Hausseite fielen die Sonnenstrahlen durch Alabasterscheiben ein und heizten die Steinböden und Mauern auf. Am Abend wurden die Öffnungen mit Bronzeläden geschlossen: Die gespeicherte Sonnenwärme wurde – zeitversetzt – gezielt an die Innenräume abgegeben und sorgte so für ein wohliges Klima. Später dann, im Mittelalter, entstanden in den Klostergärten der kundigen Mönche – sie bewahrten lange das Geheimnis der Glasherstellung – die ersten transluzenten Dächer, unter denen die schnelle Anzucht von üppigem Obst und Gemüse gelang. So muß der legendäre »Wundergarten« des Albertus Magnus zu Beginn des 12. Jahrhunderts gleichsam als ein Wegbereiter der Glashauskultur angesehen werden.

Die Prinzipien der Glas- und Solararchitektur wurden im wesentlichen damals begründet. Alles, was danach kam, galt der Verfeinerung: Aus dem Abdecken der einfachsten Funktionen wurden erbaute Erkenntnisse, entstand und entsteht Architektur.

Gegen Ende des 17. Jahrhunderts wurden die ersten Orangerien erfunden, die im Hochbarock zu einem festen Bestandteil fürstlicher Schlösser und Parkanlagen wurden. Hier überwinterten frostfrei die wertvollen Zitrusbäume. Im Sommer wurden in den lichten Räumen der prachtvollen Glasarchitektur feudale Gartenfeste mit üppigen Banketten und unterhaltsamen Theateraufführungen gefeiert: Die Orangerie wird zum Ort eines neuen höfischen Lebensstils.

Fast gleichzeitig mit der Hochblüte der Botanik, als vom Ende des 18. Jahrhunderts an beauftragte Pflanzensammler für ständigen Nachschub exotischer Gewächse sorgten, entstand eine Wende im Bau von Glashäusern:

Dank der Erfindung von Guß- und Schmiedeeisen, neuen Heizungssystemen sowie umwälzenden Techniken, Glas herzustellen, konnten nun allseits verglaste Gewächshäuser gebaut werden, aus denen später die Wintergärten hervorgingen.
Ab 1800 verkörperten die kostspieligen Glas-Eisenkonstruktionen den ersehnten Luxus, waren sie Privileg eines gesellschaftlichen Standes, sowohl des Adels als auch des gehobenen Bürgertums. Gleichsam wurde das Sammeln seltener Pflanzen zum kulturellen Ereignis. Neben der Pflege klassischer Kunstsammlungen gewannen beispielsweise Palmen-Kollektionen allerhöchstes Interesse und gleichrangige Wertschätzung: Die Villa wird um einen Wintergarten erweitert, in dem die Pflanzen ostentativ präsentiert werden. Es ist der Wunsch, dem Reichtum der Natur den Glanz von Kunst und Luxus zu verleihen. Mit den sinkenden Preisen der vorgefertigten, an Ort und Stelle montierten Bauteile und des einst so kostbaren Glases wurde deshalb zum ausgehenden 19. Jahrhundert eine Fülle von Stadthäusern und Landsitzen mit Wintergärten und Gewächshäusern ausgestattet oder nachträglich modisch mit einem Glasanbau aufgewertet.
Neben dieser Form des Glashauses als Appendix der Wohnung war es bald durchaus üblich, Pflanzenhäuser als weit ausladende Flügelbauten zu errichten – und bei den wachsenden Dimensionen auch als freistehenden Bau, sozusagen als völlig verglasten Solitär, im Park zu plazieren.
Diese Entwicklung erlebte von der Mitte bis zum Ausklang des vorigen Jahrhunderts ihre Glanzzeit. Mit dem Bau graziler, öffentlicher Licht- und Glaspaläste, den Palmenhäusern der botanischen Gärten, die das Naturtheater mit seiner magischen Wirkung bis ins Unendliche steigern wollten, entwickelte sich ein Kult, der für uns Vorbild und Attraktion ist, der Glashausmythos des 19. Jahrhunderts.
Der Gedanke, das Sonnenlicht zu nutzen, ist zwischenzeitlich immer wieder verlorengegangen. Die Menschen glauben ja von Zeit zu Zeit, im Vertrauen auf ihre eigenen Fähigkeiten, auf die ganz naheliegenden, natürlichen Ressourcen verzichten und die natürlichen Lebenszyklen aufheben oder übertreffen zu können. Doch jetzt, wo wir an die Grenzen der Zumutbarkeit für unsere Umwelt und damit auch der Energieversorgung stoßen, erinnern wir uns wieder einmal dieser Lebensquelle, der Helligkeit und Wärme des Sonnenlichtes.
Ist nicht die derzeitige Renaissance des Wintergartens eine individuelle Verbeugung vor der Natur, ein Zurückwollen zu den Ursprüngen? Wenn schon die Kontrolle über die Natur als Ganzes zu entgleiten droht, wird dann nicht der eigene Wintergarten zum geschützten Ort der Glückseligkeit?
Hier kann sich Poesie in ihrer schönsten Form entfalten. Denn macht nicht erst sie das Gartenzimmer zu einem Refugium für Mußestunden, vielleicht sogar zum Luxus für die Seele? Unabhängig davon, ob sich das Ambiente nun an die klassischen Vorbilder hält oder sich an der strengen Moderne orientiert. In jedem Fall trifft die Bemerkung des Wiener Architekten Gustav Peichl zu: »Architektur ohne Poesie ist keine gute Architektur!« Oder wie Louis Kahn, der großartige amerikanische Architekt (1901–1974) formulierte: »Dem Licht kommt nur dann poetischer Wert zu, wenn es von seinem Gegensatz, dem Schatten, begleitet wird.« Und solcher poesievollen Architektur sind gerade beim Entwurf eines Wintergartens alle Möglichkeiten gegeben.

Wo steht die Architektur heute?

War früher die Nutzung von Wintergärten eher eindimensional, übernehmen die heutigen Glasanbauten viele Funktionen. Diese Glashäuser werden zwar im allgemeinen Sprachgebrauch Wintergärten genannt, doch in Wahrheit haben sie sich längst von dem ursprünglichen Gedanken gelöst. Übrig blieben lediglich die Charakteristika von Licht und Transparenz – und manchmal auch der Pflanzenkultur.

Im Augenblick befindet sich die Architektur in einer neuen Phase der Auseinandersetzung mit dem Licht. Vier Strömungen lassen sich in der Glashausarchitektur erkennen:

1. Das Anknüpfen an den kultivierten Salon-Wintergarten des 19. Jahrhunderts (häufig aber mißverstanden als normaler Wohnraum)
2. Übernahme der Faszination damaliger Ausstellungs- und Glaspaläste in heutige Galerien, Passagen und Einkaufszentren; in Überlegungen, ganze Straßen-

züge zu überglasen und damit von der Witterung unabhängig zu machen (»Einkaufsparadiese«)

3. Eine ganzheitliche Architektur für den Neubau, die in allen ihren Teilen den Glashausgedanken nutzt: die Sonne als Licht- und Energiequelle für eine unverwechselbare Raumqualität
4. Die Akzentuierung des Solargedankens mit dem Schwerpunkt der Energiegewinnung und der konsequenten Einbindung subtropischer Pflanzen zu einem neuen Wohnumfeld »im Grünen«.

Alle diese Strömungen fließen in unterschiedlicher Intensität in die heutige Architektur des Wohn-Wintergartens ein. Die Entwürfe für die verschiedenen Bauaufgaben eines Alt- oder Neubaues zeigen das individuelle Verständnis und die Gewichtung des Solargedankens.

Der Wintergarten für den Altbau

Den Anstoß für den Anbau eines Wintergartens löst fast immer ein erhöhter Platzbedarf und der Wunsch nach mehr Wohnkomfort aus. Dies wird oft als willkommene Gelegenheit angesehen, zusammen mit dem Architekten einmal das gesamte Haus kritisch zu durchleuchten. Der Grundriß kann dann von störenden Nachteilen befreit und optimiert werden, so daß dunkle Wohnräume besser belichtet werden, wenn sie sich zur Sonne hin öffnen.

Ein Glasanbau, ein kleiner Erker oder ein geräumiger Wintergarten kann beim Altbau geradezu wie ein Joker eingesetzt werden. Zum einen als transparenter Verbindungstrakt in Wintergartenqualität mit dem Rückgriff auf die Architektur in klassischem Maßstab, zum anderen als fröhliches, modernes Sonnenzimmer oder als gewächshausartiges Pflanzenhaus. Die Glashäuser umfassen das Spektrum von der einfachen Terrassenüberdachung über die Beschäftigung mit der alten Bausubstanz bis zu architektonischen Kontrapunkten: Diese schaffen es häufig, aus einer ungeliebten (oftmals auch unzeitgemäßen und sanierungsbedürftigen) Standardarchitektur ein ansehnliches Haus zu machen und der vormals sprachlosen Architektur Ausdruck zu verleihen. Oft gelingt dies mit nur wenigen Kunstgriffen im Grund- und Aufriß, mit kleiner Baumasse und vergleichsweise geringen Kosten. Oder mit dem ganz eigenständigen Pavillon als Solitär, der selbstbewußt den Blick auf sich zieht und von der alten Architektur ablenkt, selbst dann, wenn die vorhandene Fassade überarbeitet worden ist.

Die unterschiedlichen Lösungen veranschaulichen, welche Spannbreite, welche Möglichkeiten und Aufgaben ein nachträglich angebauter Wintergarten übernehmen kann. Sie zeigen auch, wie vielfältig und individuell die Ansätze sein können, und sie sollen den Bauherrn davon überzeugen, daß er seinem Haus mit einer Standardlösung einen schlechten Dienst erweist. Hinzukommt, daß ein Wintergarten den Immobilienwert erhöht – vorausgesetzt, die Architektur überzeugt als Gesamtlösung.

Der Wintergarten auf dem Dach

Das Wohnen in der Stadt wird immer attraktiver. Die guten Einkaufsmöglichkeiten, das große Angebot kultureller Veranstaltungen und die Vielfalt kommunikativer Begegnungen unterstützen die »Landflucht«. Der Trend ist: Zurück in die Stadt. Mit der Folge, daß der begehrte Wohnraum immer knapper wird.

Was liegt da näher, als ungenutzte Flächen und Räume in bester Citylage zu aktivieren? Die Lösung bieten brachliegende Dachböden in Stadthäusern und den großen mehrgeschossigen Altbauten. Die Flächen sind da, die Erschließung ist vorhanden. Was fehlt, ist die technische Ausstattung, die die ehemaligen Trockenböden mit relativ geringem Aufwand zu Wohnungen macht.

Und wenn man dem Himmel schon so nahe ist, warum dann die Dächer weiterhin so geschlossen halten und nur durch Luken unterbrechen? Viel schöner ist es doch, sich dem Licht und der Sonne zu öffnen: Heute kann die schützende Dachhaut auch transparent sein, kann Glasarchitektur überraschende Akzente setzen. So läßt sich das Drückende und Dunkle von ehemaligen Böden und Dachwohnungen ins Gegenteil umkehren: Was früher als schlechter Wohnwert galt, ist heute eine begehrte Adresse.

Was aber den besonderen Reiz des Wohnens über der Stadt ausmacht, ist deshalb viel mehr als der übliche Komfort. Das Gefühl, wie beherrschend über der Stadt zu residieren, der atemberaubende Blick auf die Weite der Dachlandschaft, gleichzeitig entrückt mit dem »kontrollierenden« Blick auf das geschäftige Treiben in den Straßen.

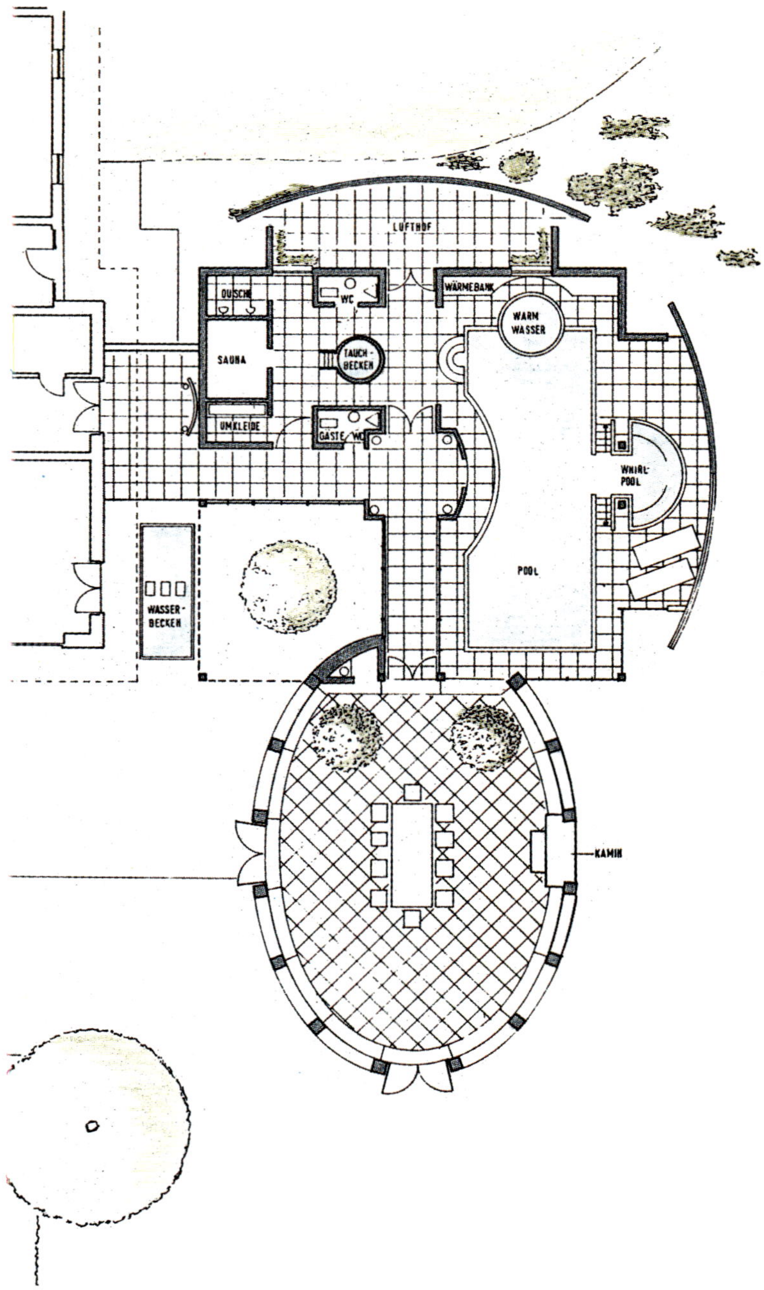

◇

Präsentationszeichnung eines großzügigen Gartenzimmers – nachträglicher Anbau einer Landhausvilla –, dessen ovaler Grundriß an frühere höfische Gartensäle erinnert und mit seiner Raumform einen bewußten, erlebnisreichen Kontrast zum Haupthaus schafft.

◇

Planungsstudie zu einem Zweifamilien-Energiesparhaus. Mit symmetrischem Grundriß, gemeinschaftlicher Wintergartenzone, geringen Außenwandflächen und hohem Glasanteil ist es ein Beispiel für die »gemäßigte« Solararchitektur.

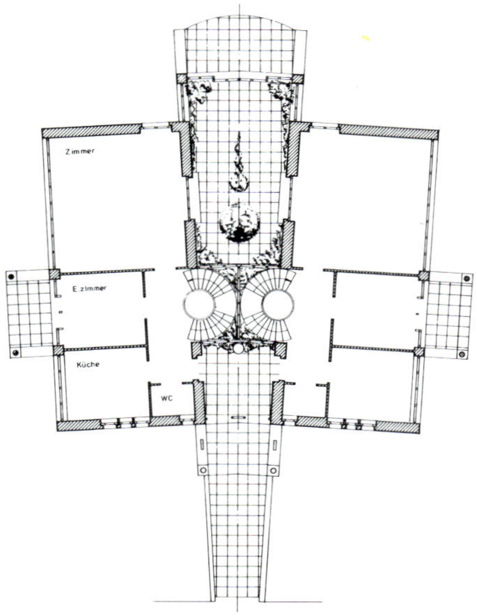

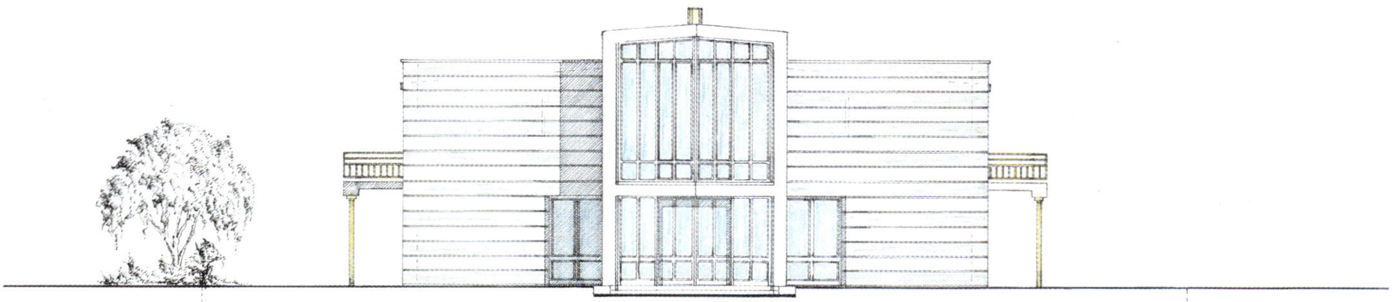

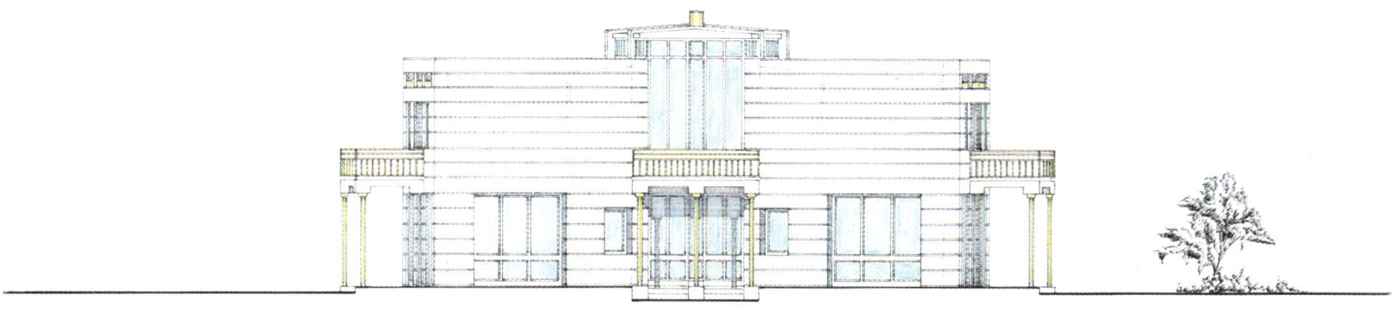

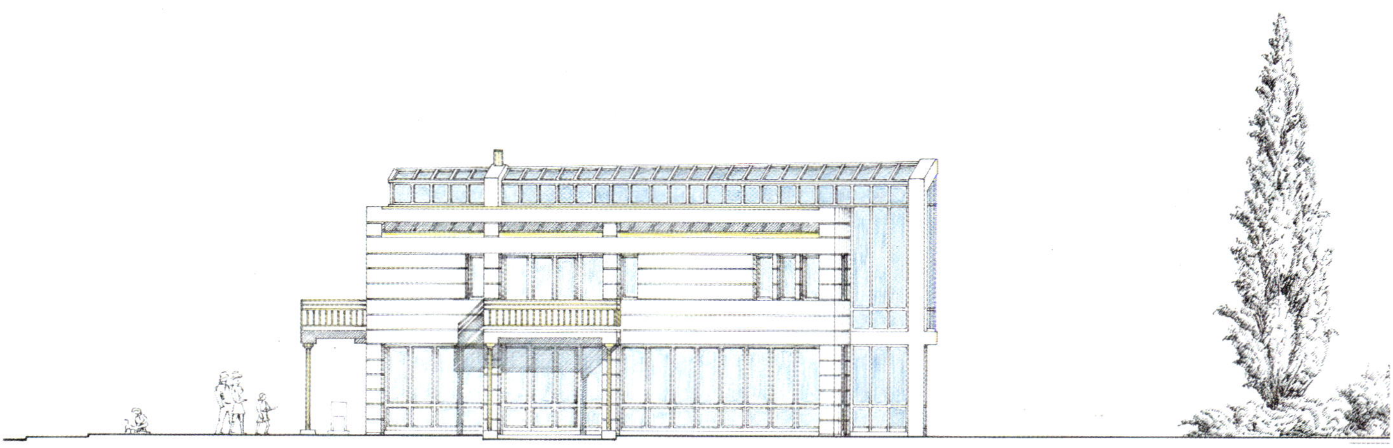

Neben der baukonstruktiv recht komplizierten Planung bietet eine solche Dachsituation ungeahnte Möglichkeiten für Entwurf und Raumplanung: wirklich lichtdurchflutete Räume, glasbekrönte Galerien, das Einziehen einer zusätzlichen, sonnigen Wohnebene und sogar das Öffnen und Überglasen ganzer Dachflächen. Die heitere Helligkeit in den ungewöhnlich spannungsreichen Räumen, das Wohnen im Innengarten unter dem künstlichen Firmament, das sich häufig sogar in einem romantischen Dachgarten fortsetzen läßt, fasziniert durch die ungewohnten Kontraste zwischen Himmel und Erde.
Doch die Entwicklung, die uns so neuartig erscheint und zum Zeichen zeitgemäßen Bauens geworden ist, hat schon einmal Bauherren den Ruf der Modernität eingebracht: Der bizarre, baufreudige Bayernkönig Ludwig II. brach mit der traditionellen Vorstellung von Architektur und ließ schon vor mehr als einhundert Jahren (1867–1869) auf dem Dach seiner Münchner Residenz einen 70 Meter langen und 9,5 Meter hohen überwölbten Wintergarten errichten – weitere gewagte Unternehmungen dieser Art waren in Planung –, mit einer verschwenderisch üppigen Tropenlandschaft, Pagoden, Lusthäuschen und verwunschenen Teichen mit Schwänen. Eine künstliche Welt, die jeden Besucher dieser Traumwelt in ungläubiges Staunen versetzte...

Der Wintergarten im Neubau

Im Unterschied zu den Gegebenheiten bei einem Altbau und auf dem Dach bietet sich bei einem Neubau von vornherein die Integration von überglasten Räumen und eines Wintergartens an. Hier läßt sich sein Standort in jeder Hinsicht optimieren. Form, Größe und Funktion, aber vor allem seine Lage zur Sonne und die Möglichkeit, mit der Lichtführung zu gestalten, stehen zu Beginn im Mittelpunkt des Entwurfs. Aber bereits in dieser Phase, in der es noch euphorisch um die Erfüllung aller Wünsche geht, entscheidet der Bauherr eigentlich, ob der Wintergarten zu einem Energiespender oder geradezu zu seinem Gegenteil, zu einem Energieverschwender wird.
Es muß dem Bauherrn klar sein, daß ein Wintergarten mit ganzjähriger Wohnraumqualität, das heißt mit einer entsprechend komfortablen Heizungsanlage, immer ein Energieverschwender sein muß. Denn das Wärmedämmvermögen eines vollverglasten Wintergartens macht selbst bei optimaler Verglasung mit Wärmeschutzglas gegenüber einer gut gedämmten Außenwand nur 50% aus, im Extremfall, bei sehr guter Dämmung des angrenzenden Kernhauses, sogar noch weniger: 20%. Diese energetisch negative Situation läßt sich aber teilweise durch den Energiegewinn aus dem Glashaus ausgleichen.
Soll ein Wintergarten also ein Energiespender sein, müssen seine Größe, die Ausrichtung zur Sonne, die Wahl und Ausbildung von Speicherflächen konsequent aufeinander abgestimmt werden. Und es darf nach Möglichkeit keine zusätzliche Energie im Wintergarten verbraucht werden (Zusatzheizung). Ganz entscheidend tragen die Benutzer selbst dazu bei, wie die Energiebilanz ihres Glashauses aussehen wird: Nutzen sie es an den Tagen, an denen der Wintergarten wärmetechnisch ohnehin autark ist, das heißt, wenn die Sonneneinstrahlung eine Innenraumtemperatur von mindestens 20 Grad bewirkt und so einen klimatisch angenehmen Aufenthalt zuläßt, verursacht er keine zusätzlichen Energiekosten. Erst wenn darüber hinaus die überschüssige Wärme gespeichert und zeitversetzt dem Kernhaus gezielt zugeführt werden kann (Fenster, Türen, Ventilatoren oder auch komplett geregelte Lüftungssysteme), fällt die Energiebilanz positiv aus, wird der Sonnenraum zum Energiespender. Doch selbst bei einem hohen Energiegewinn bleibt jeder Sonnenraum eine teure Energiequelle: Jede andere Heizung ist – rein rechnerisch – preisgünstiger. Die Frage des Energiebeitrages, den ein Glashaus leisten kann, sollte nur ein gleichrangiger Aspekt neben den beiden anderen sein, dem Erscheinungsbild der Architektur nach außen und der Raumqualität nach innen.
Die Glasarchitektur wird zum Spiegelbild des Wohn- und Lebensbewußtseins. Ihre Entwurfssprache kann sichtbares Zeichen bewußter ökologischer Lebensführung, aber auch Symbol rational technischer Vorlieben sein. Zwischen diesen beiden Architekturansprüchen liegen eine Fülle von Lösungen, die sich der facettenreichen Glasarchitektur bedienen, um ganz einfach die Wohnqualität zu akzentuieren und zu steigern. Vor allem aber sollte der Wintergarten immer als ein ganz besonderer Raum konzipiert werden, denn nur dann, im Gegensatz zu den »normalen« Wohnräumen, bietet er sein unverwechsel-

bares Raumerlebnis. So wie damals vor gut hundert Jahren die Wintergärten den Wohnsalon oder die Bibliothek bereichert haben mußten: Sie waren Fluchtpunkt aus dem Alltag, Ort der Versenkung und Zeichen inszenierter Wohnkultur.
Alle diese Qualitäten kann auch der Wintergarten von heute bieten, aber nur dann, wenn er als Solitär verstanden oder das ganze Haus von der Wintergartenidee bestimmt wird. Die Architektur der Neubauten zeigt, welche Erwartungen der Wintergarten in seiner Funktionsvielfalt geweckt hat. In vielen Entwürfen bestimmt der Sonnenraum den Grundriß, wird der Wintergarten das eigentliche Zentrum des Hauses, manchmal bekrönt durch eine weithin sichtbare Glaspyramide oder zeichenhaft akzentuiert durch große Glasraupen am First. Gläserne, lichtdurchflutete Wohngalerien, die häufig die Begeisterung für die Glastechnologie signalisieren, machen den Wunsch zum offenen Wohnen sichtbar, sind aber auch Ausdruck, sehnsuchtsvoll in Harmonie mit der Natur leben zu wollen.
Noch zu wenige Neubauten zeigen aber den Mut, den Wintergarten als Architekturelement wirklich ernstzunehmen. Und dies sowohl in der Gestaltung als auch in der Einrichtung. Viel zu oft wird er als modischer Appendix an den konventionell geplanten Bau angesetzt und – ganz falsch verstanden – auch herkömmlich möbliert. Viel reizvoller ist es doch, wenn auch ungleich mühevoller, wenn am Ende der Planung die wirklich individuelle Wintergartenarchitektur steht, die Lust am Bauen und naturverbundene Wohnkultur beispielhaft vorlebt.

Die Solararchitektur

So wie aus den Gewächshäusern des 19. Jahrhunderts die Wintergartenkultur entstanden ist, so hat sich aus den bewohnten Glashäusern in den letzten zehn Jahren die passive Solararchitektur entwickelt. Ihr Grundprinzip ist die Kombination eines großen Glaskörpers zur Energiegewinnung und eines – im Verhältnis dazu – kleinen, extrem gut gedämmten Kernhauses. Darüber hinaus gibt es Bestrebungen, aktive und passive Solarsysteme in Kombination einzusetzen, mit dem Ziel des Null-Energiehauses, der vollkommenen solaren Autarkie. Diese Entwicklung befindet sich im Forschungsstadium, die Serienreife ist abzusehen. Noch aber liegen die Baukosten etwa doppelt so hoch wie bei konventioneller Bauweise.
Die Architektursprache der passiven Solarhäuser mit ihren gewächshausartigen großen Glasgebilden mutet immer noch exotisch an – im Vergleich zu herkömmlicher Architektur. Die geringe Anzahl der bisher gebauten Beispiele macht deutlich, wie zurückhaltend Architekten und Bauherren tatsächlich sind: Wenn es um wirklich neue Wohnformen geht, zeigen sie sich zwar aufgeschlossen, aber wenn es ans Bauen und Wohnen geht, dann werden Innovationen nur zögernd angenommen. Lieber halten sie an den traditionellen Lebensformen fest als sich auf »Experimente« einzulassen.
Eine besonders schöne Form solcher Experimente bieten die Vertreter der sogenannten Grünen Solararchitektur. Sie verbindet ganz selbstverständlich den Gedanken der passiven Energiegewinnung mit dem Traum vom Wohnen im Grünen, der die oftmals so häßlich gewordene Außenwelt zu einer kleinen paradiesischen Innenwelt machen kann. Genauso empfinden es die Bauherren, die sich auf diese noch neue Architekturform eingelassen haben. Sie stellen heraus, daß der bewußte Umgang mit den Pflanzen, mit dem Klima im Wechsel der Jahreszeiten und auch dem Rückzug in die Geborgenheit des Kernhauses eine gewaltige Umstellung bedeutet. Aber nach der Lern- und Eingewöhnungsphase, die bis zu einem Jahr andauern kann, stellt die Grüne Solararchitektur eine Bereicherung dar, die konventionelle Wohnformen nicht bieten können.
Bei den Großprojekten dieser Architekturrichtung zeigt sich bereits ein formal sehr differenziertes Entwurfsspektrum. Bei den kleineren Volumina der privaten Wohnhäuser wird die Architektursprache noch sehr vom Gewächshausbau bestimmt. Bei größerer Nachfrage und damit auch sinkenden Kosten für Tragkonstruktion und Verglasungssysteme ist sicher auch hier eine breitere formale Vielfalt im Detail und der Form des Baukörpers zu erwarten.

DIE WERKSTOFFE

Ihre Eigenschaften, Qualitäten und ihre Wirkung

In den ersten Jahren seit Beginn der Wintergarten-Renaissance, den frühen achtziger Jahren, stand bei der Auswahl der Materialien viel zu häufig die Frage nach dem Preis, der vermeintlichen Wirtschaftlichkeit und der Pflegeleichtigkeit im Vordergrund. In Ermangelung ausreichender Erfahrungen in der Verwendung von Konstruktionsmaterialien bei solchen Bauaufgaben wurden darüber hinaus die Bauteile überdimensioniert und, um Dichtungsprobleme zu vermeiden, die Formen meist zu einfach oder zu grob gewählt.

Zu kurz gekommen ist dabei der gestalterische Aspekt und damit die gezielt eingesetzte Wirkung der Werkstoffe. Der ästhetische Anspruch begnügte sich oft schon damit, den Wintergarten lediglich mit einer notwendigen senkrechten und einer Überkopfverglasung auszustatten. In dieser Anfangsphase wurden die vielen Facetten, die gute Architektur ausmachen, bei weitem nicht ausgeschöpft. Erfreulich ist aber, wie die vorgestellten Projekte zeigen, daß die gestalterischen Wünsche und Forderungen sowohl bei Bauherren als auch bei Architekten bei den oftmals sehr kleinen Bauaufgaben deutlich an Niveau gewonnen haben. Es wird geradezu eine sinnliche Lust in den ideenreichen Entwürfen und dem gekonnten Einsatz der Materialien sichtbar.

Die gute Wahl der Werkstoffe besitzt eine so große Bedeutung, weil sie die Architektur des Glashauses und den späteren Raumeindruck wesentlich bestimmt. Deshalb sollte die Entscheidung in erster Linie nicht von praktischen Überlegungen und Preisvorteilen geleitet werden, sondern von ästhetischen Gesichtspunkten.

Für die Konstruktion von Wintergärten kommen eigentlich nur wenige Materialien in Betracht. Es sind Holz, Aluminium, Stahl und – Kunststoff.

HOLZ

Dieser angenehme Werkstoff ist in den sechziger Jahren, dem Beginn des hastigen Baubooms, häufig nicht materialgerecht eingesetzt worden. Die Folge waren Feuchteschäden, Fäulnis und Verrottung. Durch diese Schäden hat das schöne und über Jahrhunderte bewährte Baumaterial seinen guten Ruf eingebüßt. Und daraus resultierte unter anderem die schwunghafte Entwicklung vermeintlich substituierender Materialien, wie Aluminium und Kunststoff.

Inzwischen ist das Bewußtsein für materialgerechtes Konstruieren und natürliche Baustoffe gewachsen und damit die Vielfalt der Einsatzmöglichkeiten von Holz. Wohnkultur und Naturnähe, diese scheinbaren Gegensätze, lassen sich durch einen Wintergarten in Holzkonstruktion oft besonders harmonisch zusammenfügen. Die fast unbegrenzte Form- und Profilierbarkeit des natürlichen Werkstoffes fördert seine Beliebtheit ebenso wie die subjektiv empfundene Wärme und die Ausstrahlung seiner Oberfläche – ob nun naturbelassen, lasiert oder in einer beliebigen Farbe lackiert. Seine erstaunliche Haltbarkeit gewährleistet, wie es die alten Holzhäuser beweisen, allein die fachgerechte Verwendung. Das heißt: Die Konstruktion muß wasserabweisend sein, und es dürfen sich keine Feuchtigkeitsnester bilden. Dann steht der fast unbegrenzten Dauerhaftigkeit von Holz nichts im Wege.

Für die Konstruktion eines Wintergartens sind die heimischen Nadelholzarten Fichte und Kiefer zu empfehlen, wie auch nordamerikanisches Oregon-Pine und Hemlock (besonders geeignet für helle deckende Anstriche) oder die Laubhölzer Eiche, Mahagoni (Sipo, Swietenia), Meranti und Niangon. Auch wenn die tropischen Laubhölzer härter und unempfindlicher gegen Pilzbefall sind als die Nadelhölzer, kann auf ihren Einsatz zugunsten der Erhaltung des tropischen Regenwaldes durchaus verzichtet werden.

Den besonderen Eigenschaften von Holz muß bereits in der Entwurfsphase Rechnung getragen werden. Hier sind die Erfahrung und Kennerschaft des Architekten gefordert. Wenn der Wintergarten optisch transparent erscheinen soll, müssen die einzelnen Stützweiten klein gehalten werden. So bleiben die Querschnitte schlank. Bei größeren Spannweiten und höherer statischer Belastung werden die Sparren als verleimte Querschnitte ausgebildet, um ein Verdrehen zu vermeiden. Große Spannweiten können aber bei Holz einen etwas klobigen Eindruck bewirken, wenn sie nicht feinfühlig genug eingesetzt werden.

Im Dachbereich kommt man nicht umhin, die Verglasungsstöße durch Aluminiumprofile abzudecken. Und am Fußpunkt ist die Konstruktion so auszubilden, daß sich kein stehendes Wasser bilden und auch Spritzwasser das Holz nicht durchfeuchten kann.

Es soll nicht verschwiegen werden, daß dieser Werkstoff einer gewissen Pflege bedarf. Aber was bedeutet eigentlich Pflege? Holz bedarf von Zeit zu Zeit einer pflegenden Behandlung und gelegentlich eines Anstrichs. Je nach dem persönlichen ästhetischen Anspruch muß die Oberfläche etwa alle vier bis acht Jahre überarbeitet werden. Dabei bietet der dann fällige Anstrich die reizvolle Möglichkeit, das Farbkonzept des Wintergartens neu zu überdenken und zu verändern, um einen ganz anderen, vielleicht farblich akzentuierten Eindruck entstehen zu lassen. So kann aus der notwendigen, oft als lästig empfundenen Pflege die liebevolle enge Verbundenheit zu dem eigenen Gartenzimmer und seiner Architektur erwachsen.

Vergleicht man die heutigen Holzkonstruktionen zum Beispiel mit denen der Jahrhundertwende, dann wird deutlich, daß trotz aller Technik noch längst nicht alle Gestaltungsmöglichkeiten ausgeschöpft sind, die dieser Werkstoff bietet. Früher hatten Architekten und Bauherren einfach mehr Sinn für schmückende Details, wie das verzierte Kapitell, den gestalteten Schaft einer Stütze oder für schmuckreiche Tür- und Fensterprofile, auf die das Handwerk verständnisvoll eingegangen ist und sie manchmal sogar zur Kunst erhoben hat. Vielversprechend ist jedoch das heutige, wenn noch zögernde Anknüpfen an die alten Traditionen.

Holz bietet sicherlich die breiteste Palette, Konstruktionsteile gestalterisch zu behandeln und in besondere Beziehung zu den anderen Werkstoffen im Wintergarten zu setzen wie dem Glas, dem Fußbodenbelag, dem Mobiliar und auch der angrenzenden Architektur des Wohnhauses.

ALUMINIUM

Es lag nahe, die Erfahrungen aus dem Fassadenbau auf die Bauaufgabe Wintergarten zu übertragen. Denn die Profilteile, Fenster- und Verglasungssysteme sind längst ausgereift. Dies waren günstige Voraussetzungen für die aluminiumverarbeitende Industrie, einen großen Anteil des Wintergartenmarktes für sich zu erschließen.

Die stranggepreßten Aluminiumprofile werden einteilig (also ungedämmt) oder als Verbundprofil mit thermischer Trennung (integrierte Wärmedämmung) angeboten. Diese thermische Trennung hebt den entscheidenden Nachteil des Metalls auf: seine allzu gute Wärmeleitfähigkeit. Für Architekten und Bauherren bedeutet dies, daß sie bei der Verwendung von Aluminiumprofilen für die Fassadengestaltung auf handelsübliche Systemprofile zurückgreifen müssen. Naturgemäß schränkt aber das begrenzte Systemsortiment die Gestaltungsfreiheit stark ein.

Statikprofile (Pfosten und Sparren) sind in allen gewünschten Abmessungen, bei Bedarf stahlverstärkt, erhältlich, so daß ohne weiteres größere Spannweiten realisiert werden können. Als Gestaltungsmittel läßt sich neben Formen und Flächen auch die unterschiedliche Farbgebung der Oberfläche einsetzen: eloxiert in silbrigem Naturton, in verschiedenen Bronzenuancierungen und in Schwarz, dazu in allen beliebigen RAL-Tönen, wenn die Profile farbig behandelt werden (meist pulverbeschichtet).

Die Werbung beschreibt zwar Aluminium und seine Oberfläche gern als unbegrenzt haltbar, doch wie ein aufmerksamer Blick auf ältere Aluminiumfassaden zeigt, kommt es bei diesem Werkstoff zu häßlichen Alterungserscheinungen (Aufrauhen und Verschmutzen der Eloxalflächen oder Ausbleichen der Farbbeschichtung).

Grundlagen für die Materialwahl Aluminium sollten die beabsichtigte Formensprache der Architektur und der gewünschte Raumeindruck sein. Solche Materialien mit einer technisch kühlen Ausstrahlung eignen sich für eine zeitgemäße Entwurfssprache. Für eher nostalgisch anmutende Wintergärten verbietet sich deshalb dieser Werkstoff, auch wenn er als technisch perfekt gilt. Die vorgestellten Projekte belegen, daß dort die interessantesten Lösungen entstanden sind, wo die Profile nicht baukastenartig, sondern im Verbund mit anderen Materialien wie Holz oder Stahl eingesetzt wurden, die eine differenzierte Gestaltung zulassen. Oder wenn das spröde Aluminium bewußt in Kontrast zu natürlichen Werkstoffen, wie Holz, Klinker, Ton oder Naturstein, gestellt wird.

EINE GUTE VERBINDUNG: HOLZ UND ALUMINIUM

Die Verbundkonstruktion aus den beiden Materialien Holz (raumseitig zu verwenden) und Aluminium (witterungsseitig) nutzt die Vorteile beider Werkstoffe optimal: die wärmetechnischen und optischen Eigenschaften von Holz und die Witterungsbeständigkeit von Aluminium. Diese Materialkombination bietet sich überall dort an, wo ein eher sachlicher, metallener Architektureindruck beabsichtigt wird. Aber auch dort, wo der Pflegeaufwand minimiert werden muß oder in exponierten Situationen wie auf dem Dach und an nur schwer zugänglichen Fassaden, wo Holz allein der Witterung langfristig nicht überzeugend standhalten würde.

Die spezifischen Eigenschaften beider Werkstoffe müssen bei der Konstruktion berücksichtigt werden: Die äußere Aluminiumschale muß so mit der inneren Holzfassade und der Dachkonstruktion verbunden werden, daß eine thermische Ausdehnung des Aluminiums möglich ist. Zwischen Holz und Aluminium sollte außerdem ein freier Luftzwischenraum von mindestens sieben Millimetern vorgesehen werden, um Schäden aus der Dampfdiffusion und dem Eintritt von Feuchtigkeit sicher vorzubeugen.

STAHL

Es ist das Material mit einer faszinierenden Tradition: Die beeindruckenden Pflanzenhäuser und Glaspaläste mit ihren zarten Eisennetzen und durchsichtigen Ausfachungen haben nicht nur die Baukunst des vorigen Jahrhunderts revolutioniert. Zum ersten Mal wurden extrem transparente Bauten möglich, die außerdem aufgrund der gerade entwickelten industriellen Herstellungsverfahren in kürzester Zeit errichtet werden konnten.

Erst ein ganzes Bündel technischer Neuerungen des Industriezeitalters wie die Produktionsmethoden von elastischem Schmiedeeisen, die phantastischen Raumdimensionen und die Heizbarkeit erlaubten es, exotische Pflanzen aus vielen fernen Ländern repräsentativ zur Schau stellen zu können. Deshalb spricht man im Zusammenhang mit diesen beeindruckenden Pflanzenhäusern von künstlichen Paradiesen, die bis heute nichts von ihrer Faszination verloren haben. Im Gegenteil: In der Kühnheit ihrer Architektur, den wohltuenden Proportionen, ihrer brillanten Formensprache, geradezu menschlichen Liebenswürdigkeit und ihrem ungewöhnlichen Erlebniswert wird der Geist dieser Zeitzeugen spürbar.

Bedauerlicherweise läßt sich diese herrliche Transparenz von damals nicht ohne weiteres auf die heutige Architektur übertragen. Wärmeschutzbestimmungen und unsere Vorstellungen von Behaglichkeit erfordern die Verwendung der schweren, wärmedämmenden Isolierverglasung. Deshalb müssen die Stahlprofile, ebenso wie bei Aluminium, thermisch getrennt werden. Diese Forderung bedingt Profilquerschnitte, die in jedem Falle breiter sein müssen als vier Zentimeter: ein Maß, das sich aus der Überdeckung des Randverbundes des Isolierglases ergibt. Im Vergleich dazu würde für die Einfachverglasung die schmale Stegbreite von nur 1,5 bis 2 Zentimeter genügen, was bei den damaligen Glasbauten den grazilen Eindruck ermöglichte.

Die großen Vorteile des Stahls, seine enorme Tragfähigkeit und Flexibilität, können auch bei heutigen Entwürfen voll ausgeschöpft werden, nahezu jede Entwurfsidee läßt sich durch Stahl realisieren. Denn: Die Gestaltung der unterschiedlichsten Dimensionen von Profilen durch additive Konstruktionen oder etwa Bearbeitungsvarianten wie Schweißen, Schrauben, Biegen, Gießen und Formen ermöglicht eine unbegrenzte Vielfalt.

◇

Ein Wohnwintergarten, dessen durchgängige Architektur nach dem Umbau die Erscheinung des gesamten Hauses bestimmt.

◇

Der strenge, transparente Glasbau verbindet alt und neu, ein Haus aus den dreißiger Jahren und das neue, »angehängte« Gartenhaus.

Stahlbau ist immer eine herausfordernde Aufgabe, weil sich eigentlich jede neue Konstruktion in ihrer Anmutung und Wirkung an den alten Vorbildern messen lassen muß. Er läßt in jedem Fall am ehesten die Stimmung aufkommen, die sich wohl jeder Bauherr von seinem Wintergarten erträumt.

Ähnlich wie Holz ist Stahl ein anspruchsvoller Werkstoff, der einer sorgfältigen Bearbeitung und einer gewissen Pflege bedarf. Nach der Montage der verzinkten Teile sollte wenigstens ein halbes Jahr vergehen, bis ein Farbanstrich in dem gewünschten Ton aufgetragen wird. Handelsübliche Profile, deren Formenvielfalt verständlicherweise, aber deutlich eingeschränkt ist, werden in der Regel bereits fertig beschichtet eingesetzt.

Wie bei jedem anderen Material leidet auch die Oberfläche der Stahlkonstruktion im Laufe der Jahre. Sie muß deshalb in großen Abständen vor Korrosion geschützt werden, wobei der Alterungsprozeß auch seinen Charme besitzen kann – wie es uns die alten, manchmal verwitterten Glasparadiese vor Augen führen.

KUNSTSTOFF

Über den größten Marktanteil verfügt Kunststoff, wenn es nach Profillängen oder abgewickelter Quadratmeter-Fassadenfläche geht. Der Grund ist in aller Regel der vergleichsweise niedrige Preis und die vermeintliche Pflegeleichtigkeit. Architekten setzen diesen Baustoff aber nur selten ein, weil seine Eigenschaften dieser so eng mit der Natur verbundenen Bauaufgabe widersprechen: die geringe Materialausstrahlung, die Art seiner groben, handwerklich unsensiblen Verbindungen, seine glatte Oberfläche, sein steriler Farbton und die Tatsache, daß das Material nicht natürlich altert. Hinzu kommen das geringe Spektrum an Profilen, die aus dem Fensterbau abgeleitet wurden, und die Klobigkeit ihrer undifferenzierten Formen.

Kunststoffprofile gibt es überwiegend aus PVC und PUR-Schäumen, die in der Regel durch einen Stahlkern ausgesteift werden. Diese statische Unterstützung ist notwendig wegen des geringen Elastizitätsmoduls und des thermoelastischen Verhaltens von Kunststoffen. Je nach Dimension und Stahlanteil lassen sich aber nahezu alle Spannweiten und gewünschten Raumgrößen und Baukörper konstruieren.

Der Großteil der Kunststoffprofile wird in weißem Farbton hergestellt, bei farbigen Kunststoffen liegen noch zu wenig Langzeiterfahrungen vor, als daß sie unbedenklich empfohlen werden könnten. Dies ist auch bei Profilen mit modischem Holzdekor nicht anders.

Bei der Verwendung von Kunststoffen sollte aber auch der Umweltaspekt beachtet werden. Herstellung, Verarbeitung und Entsorgung sind nicht ungefährlich, PVC und PUR-Schäume gelten als Sondermüll.

Wintergärten aus Kunststoff – sie verraten eher die Vorliebe für das Praktische. Sie lassen oft das Spektrum von Lebensart und Wohnqualität vermissen, die gerade ein Wintergarten bieten soll; fast machen sie die harmonische Symbiose von Mensch und Natur unmöglich.

LICHT UND GLAS

Wann eigentlich wird der Wintergarten zu einem Raum, der alle unsere Sinne anregt und unsere Emotionen weckt? Doch erst dann, wenn das wechselnde Licht unter der gläsernen und schützenden Hülle zusammen mit seiner Form, seiner Einrichtung, seinen Materialien, der Farbgebung und auch dem Duft der Pflanzen ein harmonisches Ganzes ergibt. Wenn dies zu einem »Gesamtkunstwerk mit Naturillusion« geworden ist, wie früher solche gelungenen Wintergärten genannt wurden.

Die Entwicklung der Glastechnologie ist inzwischen soweit fortgeschritten, daß wir über die praktische Schutzfunktion des Glases längst hinaus sind. Jetzt gilt es, das Sonnenlicht mit seiner Lebenskraft in allen seinen Nuancen zu nutzen, zu einem Fest der Farben und zum Architekturthema zu machen – weit über das Kühl-Funktionale hinaus.

Wir nutzen das Licht dankbar in seiner technischen Dimension zur Wärmegewinnung, zum anderen seine Kraft, uns Lebensfreude zu schenken. Wo, wenn nicht unter Glas, im kleinen Erker, im geräumigen Wintergarten oder dem ganz lichtdurchfluteten Dachgiebel, bestehen so viele Möglichkeiten, mit Hell-Dunkel-Effekten zu gestalten und zu spielen?

Zum phantasievollen Entwerfen steht dem heutigen Architekten eigentlich nur ein Glastyp zur Verfügung: das Isolierglas. Bei den alten Glashäusern wurde stets Einfachglas verwandt mit all seinen Vorteilen, aber auch seinen großen Nachteilen. Sein geringes Gewicht ermöglichte für das Auge so angenehm grazile Dimensionen der Konstruktionsteile. Dagegen standen seine geringe Wärmedämmung und die damit verbundene Tauwasserbildung. Heute wird diese Verglasungsart wegen unserer gewachsenen Ansprüche an den Komfort, wie auch aus Gründen einer verantwortungsvollen Energieverwendung recht selten eingesetzt.

Mit der Erfindung des Isolierglases – erste Formen gab es schon in den zwanziger Jahren – und der Entwicklung der Funktionsgläser in den siebziger Jahren konnten diese Nachteile überwunden werden.

Für die Gestaltung von Wintergärten kommen zum einen die allein wärmedämmenden Isoliergläser in Betracht mit günstigem k-Wert von 3,1 bis 1,3, zum anderen die reflektierenden Sonnenschutzgläser, sowohl farb-

◇

Ein filigraner, gläserner Aussichtspavillon mit bis zum Äußersten minimierter Tragkonstruktion, der sich schwerelos wie ein Vogelnest über die Teichlandschaft erhebt.

◇

Die Nur-Glas-Konstruktion der Schmetterlingsflügel nutzt konsequent die heutigen Möglichkeiten der Glastechnologie und schafft so die gewünschte, optische Leichtigkeit.

neutral, als auch mit unterschiedlichen Farbbeschichtungen. Zum Vergleich: Einfachglas hat einen bis zu fünfmal schlechteren Wert (k-Wert 5,8).
Die Gegenüberstellung der Licht- und Energiedurchlaßwerte verdeutlicht die unterschiedlichen Eigenschaften der Isoliergläser.

Lichtdurchlaßwerte:	Energiedurchlaßwerte:
Normales Isolierglas = 80%	Normales Isolierglas = 77%
Wärmeschutzglas = 79%	Wärmeschutzglas = 65%
Sonnenschutzglas = 36%	Sonnenschutzglas = 22%

Die Isoliergläser sind auch in der Lage, weitere Funktionen zu übernehmen: als dickeres oder gasgefülltes Glas den Schallschutz (von 25 bis über 50 db). Für den Einbruchschutz werden Verbund-Sicherheitsgläser (VSG-Klassen A und B) empfohlen wie auch die beschußhemmenden Gläser (Klasse C) und die Gläser mit integrierter Metallschleife in Verbindung mit einer Alarmanlage. Die Verbund-Sicherheitsgläser (VSG) sind aus Sicherheitsgründen ohnehin für Dach- und Schrägverglasungen in Aufenthaltsräumen zwingend vorgeschrieben.
Alle diese Funktionen werden nahezu unsichtbar erfüllt, so daß der planende Architekt diese Gläser je nach Behaglichkeitswunsch und Sicherheitsbedürfnis seiner Bauherren sachgerecht und gezielt für das Spiel mit Flächen und Formen, Licht und Schatten einsetzen kann. Darüber hinaus, und dies ist viel zu wenig bekannt, gibt es die Isoliergläser natürlich auch in gebogenen Scheiben, mit farbiger Beschichtung oder direkt als farbige Gläser und als Gußgläser mit einer Vielzahl von grafischen und freien Mustern, als grazil gegliederte Sprossenfenstergläser – sowohl für historisierende Entwürfe als auch für avantgardistische Glashauskonzepte.
Glas ist nicht nur einfach durchsichtig und zerbrechlich – die alten eindimensionalen Inhalte von Blank- und Klarglas sind heute überholt. Dagegen bietet die zeitgemäße Glastechnologie einen Variantenreichtum, der noch wesentlich stärker in die Planungen einfließen sollte.
Die Verglasung mit transparenten Kunststoffplatten in Einfach- oder Doppelstegausführung (bekannt als Plexiglas) kommt für hochwertige Wintergarten-Architektur nur selten in Frage, weil sie trotz ihrer Vorteile (geringes Gewicht, leichte Bearbeitbarkeit und Bruchsicherheit) der Qualität von Isolier- und Funktionsgläsern nicht annähernd gleichkommen.

◇

Die Bauaufgabe lautete: Schaffung eines Blumenfensters. Die Architekten machten daraus einen kleinen Blumentempel, der Rückzugsraum, sonnendurchfluteter Eßplatz und Pflanzenhaus zugleich ist.

LICHT UND SCHATTEN

Die Sonne genießen – das Klima optimieren – Energie gewinnen

Nirgendwo sonst im Haus ist die Wirkung der Sonnenstimmung so intensiv wie im Wintergarten: Die Heiterkeit des Lichts und die wohltuende Wärme machen ihn klimatisch zu einem spannungsvollen Erlebnisraum, selbst bei kühler Witterung. Die Kehrseite ist, daß bei zu intensiver Sonneneinstrahlung bei Süd- und Südwestlage ohne schützende Maßnahmen zu viel Wärme entsteht, und die Helligkeit unangenehm blenden kann. Daher sind richtiger Sonnenschutz und gut bemessene Lüftungsöffnungen ganz wichtige Kriterien für die Behaglichkeit.

Das Ziel technischer und natürlicher Maßnahmen muß es sein, die Sonnenstrahlen gezielt zu nutzen, aber eine Überhitzung gar nicht erst entstehen zu lassen. Hierfür bieten sich diese Möglichkeiten an: die Außenverschattung, eine reflektierende Innenbeschattung und das Sonnenschutzglas. Die Alternative sind schattenspendende Bäume oder ein üppiger Bewuchs von Kletterpflanzen, bevorzugt laubabwerfende.

Den effektivsten Hitzeschutz gewährleistet die äußere Verschattung, die manuell bedient oder motorisch gesteuert werden kann. Die Möglichkeiten reichen vom Auflegen preisgünstiger Matten (aus dem Gewächshausbau) über ausfahrbare Markisen bis hin zu witterungsabhängig reagierenden Sonnenschutzsystemen. Neben dem rein technischen Aspekt aber kann die zweite Ebene auch zu einem markanten Mittel der Architektur werden.

Die Innenschattierung kann allerdings fast ebenso wirkungsvoll sein. Aber nur dann, wenn die eingedrungenen Sonnenstrahlen gut reflektiert werden (Alu-Kaschierung), die entstandene Wärme rasch abgeführt, der Wintergarten entlüftet wird. Ihre Vorteile sind, daß sie preiswerter ist, sich einfach montieren läßt, die Ausstellfenster nicht behindert und nicht von Wind, Regen oder Schnee in Mitleidenschaft gezogen wird. Und wenn sie konsequent eingesetzt wird, bildet sie auch während der Nachtstunden und der kalten Jahreszeit einen Wärmepuffer zur Glasscheibe.

Die dritte Möglichkeit ist bedampftes Sonnenschutzglas, das eigentlich alle anderen Maßnahmen erübrigt. Seine stark reflektierenden Oberflächen können aber als störend empfunden werden, auch weil sie der Glashaut eine sehr technische und kühle Ausstrahlung geben. Nicht nur außen, sondern auch auf der Innenseite durch Spiegelung vor dunklem Hintergrund.

Die einfachste und oftmals schönste Lösung bleibt, sich des natürlichen Schattens zu bedienen. Sei es, daß dies die vorhandenen Baumkronen leisten oder daß die Planung einer schattenspendenden Pflanzung außen und innen zum Bestandteil einer gelungenen Gesamtlösung wird.

Die Behaglichkeit im Wintergarten wird ganz wesentlich vom Luftaustausch bestimmt. Über einen regelbaren, möglichst zugfreien Luftwechsel läßt sich die Luftzusammensetzung nach der persönlichen Empfindung einstellen. Da das Klima die Folge einer sorgfältigen Abstimmung von Raumgröße, Materialien (den Speichermedien), Beschattungsmaßnahmen und der Be- und Entlüftung ist, lassen sich – wie die Erfahrung zeigt – keine allgemeingültigen Patentrezepte nennen. So können große, voll verglaste und nach Süden ausgerichtete Wintergärten dank ihrer konsequent eingesetzten Außenschattierung durchaus mit wenigen Lüftungsöffnungen auskommen. Dagegen benötigen Glashäuser mit Innenschattierung eine wohl abgestimmte Zu- und Abluft, damit über die Thermik ein ausreichender Luftwechsel für den Temperaturausgleich stattfinden und sich der Feuchtehaushalt im Behaglichkeitsbereich von 40 bis 60% relativer Luftfeuchtigkeit einstellen kann.

Zu Beginn der Entwurfsüberlegungen sollte stets der Gedanke an das Raumklima stehen, das im Wintergarten, anders als in jedem anderen Raum, extremen Bedingungen unterliegt. Hitze, Kälte, starke Temperaturschwankungen und Feuchtigkeit prägen dieses typische, sogenannte Reizklima. Es gilt zu bedenken, ob der Wintergarten ganz in den Wohnbereich integriert werden soll oder ob er vom Haus auch abgetrennt werden kann, was wichtig ist, wenn energetische Gesichtspunkte überwiegen. Da inzwischen die Phase des Experimentierens aber soweit abgeschlossen ist, liegen für alle diese Aspekte ausreichend dokumentierte Erfahrungen und Kenntnisse vor. Eine sorgfältige Planung berücksichtigt deshalb diese Beanspruchungen und schafft ein wohlabgestimmtes Instrumentarium, das alle klimatischen Einflüsse zu nutzen weiß und die störenden Faktoren ausschließt: Durch die gekonnte Lösung der konstruktiven Probleme und einen Entwurf, der auf die ganz unterschiedlichen Vorstellungen vom Wohnen eine Antwort gibt, mit einem Spektrum, das vom verträumten Gartenzimmer bis hin zum energetisch ausgereizten Solarhaus reicht.

Alle architektonischen und klimatischen Aspekte beim Bau eines Wintergartens sind in dem Buch »Der Wintergarten – Wohnräume unter Glas« von Ulrich Timm, München, 3. Auflage 1990, bereits ausführlich beschrieben worden. Auch eine umfangreiche Liste der geeigneten Pflanzen ist in dem Buch enthalten, so daß hier nur in Kürze auf den gestalterischen Aspekt beim Wintergartenbau eingegangen zu werden braucht.

Wer bereits in der Entwurfsphase wissen möchte, welche klimatischen Verhältnisse in dem geplanten Wintergarten zu erwarten sind, kann sich mit Hilfe eines Computerprogramms genaue Daten errechnen lassen. So können beispielsweise Aussagen über die Wirksamkeit von Beschattungsanlagen oder die Be- und Entlüftung zur Optimierung des Glashauses führen.

Zu dem Instrumentarium der Klimaregulierung gehört aber außerdem die gezielte Anordnung von Speicherflächen. Dabei hat das Speichern von Sonnenenergie zwei wichtige Funktionen (Nutzung passiver Solarenergie):

1. Den Ausgleich zu großer Temperaturschwankungen bei direkter, zu starker Einstrahlung durch schnelle Aufnahme der Wärme (Absorption und Amplitudendämpfung)
2. Die zeitlich versetzte Abgabe dieser gespeicherten Wärme in den Zeiten ohne Sonneneinstrahlung, in den kühleren Abendstunden und vor allem im Winter.

Ziegelsteine, Leichtbeton, aber auch schweres Eichenholz sind gut geeignete Werkstoffe als Speicherflächen in Wand und Boden. Um eine noch bessere Absorption zu erzielen, sollten sie möglichst rauh und dunkel sein. Diese Materialien dienen aber nicht nur dem rein funktionalen Zweck, dem Speichern, mit ihnen läßt sich auch hervorragend in Textur, Form und Farbe gestalten.

Das echte Solarhaus nutzt darüber hinaus alle diese Möglichkeiten mit zusätzlichen Steuerungssystemen, die die Energiespeicherung und den Transport der erwärmten Luft in die kühleren Räume regeln, und aufwendigen Lüftungs- und Beschattungsmaßnahmen zur gezielten Optimierung der Energiebilanz.

◇

Nur konsequente Planung, die Integration des Wintergartens in das Raumprogramm, seine technische Ausstattung und seine formale Qualität garantieren, daß die Erwartungen an den Traum von einem Raum erfüllt werden.

LICHT UND PFLANZEN

Wenn wir uns in unseren Wünschen einmal ganz der unbeschwerten Phantasie hingeben und die Leichtigkeit unsere Gedanken spielen läßt, tun sich dann nicht Bilder vom Paradies vor unseren Augen auf? Bilder von animierender Wärme, tropischer Üppigkeit und sinnlichen Blütendüften? Können uns nicht die betörenden Farbenspiele der Natur, das strahlende Licht und ein azurblauer Himmel aus der Realität, aus dem Alltag entführen und unsere Gedanken auf die Reise schicken?

So müssen es ganz real die ersten »Pflanzenjäger« erlebt haben, die die tropische Fülle exotischer Pflanzen nach Europa brachten und damit eine neue Naturbewegung begründeten. Diese Faszination der Pflanzenpracht löste mit dem Wunsch nach großen Pflanzenhäusern, die die fremdländischen Gewächse vor dem andersartigen Klima schützen sollten, im vorigen Jahrhundert eine Vielzahl technischer Innovationen aus. Um diesen Wunsch nach einem nachempfundenen, künstlichen Paradies erfüllen zu können, mußten die gläsernen Hüllen geradezu gigantisch sein, damit vor allem die majestätischen Palmen darin Platz finden konnten. Denn als Sinnbild für das Paradies der Südsee mit seinen tropischen Schönheiten galten auch damals schon die Palmen, die Fürsten der Pflanzenwelt.

Das sichtbare Ergebnis der großartigen Ingenieurleistung, Pflanzen kunstvoll in Szene zu setzen, war verblüffend. Das läßt sich auch heute in den herrschaftlichen Glaspalästen, zum Beispiel in Berlin, Brüssel, Stuttgart und Wien, nacherleben. So beschrieb der vielgereiste Naturforscher Alexander von Humboldt (1769–1859) seine Eindrücke: »Wenn man in dem Palmenhaus von Loddiges oder in dem der Pfaueninsel von dem hohen Altane bei heller Mittagssonne auf die Fülle schilf- und baumartiger Palmen herabblickt, so ist man auf Augenblicke über die Örtlichkeit, in der man sich befindet, vollkommen getäuscht. Man glaubt unter dem Tropenklima selbst, von dem Gipfel eines Hügels herab, ein kleines Palmengebüsch zu sehen. Man entbehrt freilich den Anblick der tiefen Himmelsbläue, den Eindruck einer größeren Intensität des Lichtes; dennoch ist die Einbildungskraft hier noch tätiger, die Illusion größer als bei dem vollkommensten Gemälde. Man knüpft an jede Pflanzenform die Wunder einer fernen Welt; man vernimmt das Rauschen der fächerartigen Blätter, man sieht ihre wechselnd schwingende Erleuchtung, wenn, von kleinen Luftströmungen sanft bewegt, die Palmengipfel wogend einander berühren.« (Aus: Alexander von Humboldt. Entwurf einer physischen Weltbeschreibung. Stuttgart 1845).

Während zunächst der Bau von Pflanzenhäusern alleinige Sache der Aristokratie war, wollte das Bürgertum auf diesen neuen Lebensstil nicht länger verzichten – und konnte ihn sich auch leisten.

Wenn heute Wintergärten geplant werden, stehen die Pflanzen dagegen nur selten im Vordergrund. Die Glashäuser werden eher nach Gesichtspunkten konzipiert, die dem Raum- und Komfortbedürfnis der Bauherren entgegenkommen. Dabei ist die Sehnsucht des Menschen nach dem verlorengegangenen Paradies doch bei weitem noch nicht gestillt. Mit dem Aufstellen eines Gummibaumes oder der Palme aus dem Wohnzimmer lassen sich solche Träume aber nicht erfüllen.

Vor allem die Grüne Solararchitektur weiß um die Kraft und Ausstrahlung von Pflanzen und macht sie sich sogar zunutze. In großangelegten, gewächshausartigen Wintergärten mit kleinem Kernhaus erfahren die Bauherren das Wohnen in einer neuen Qualität, ein ungewohntes Raumerlebnis, bestimmt von Licht und Pflanzen, in seiner technischen und emotionalen Dimension. Und das Grün der Gewächse unterstützt die Klimatisierung.

Durch die Verdunstung von den Blättern wird der Raum angenehm gekühlt. Pflanzen beschatten das Glashaus mit ihrem Laub, innen so gut wie außen. Und mit dem Duft ihrer Blüten und Blätter, der Ernte herrlicher Früchte sowie dem Duft der feuchten Erde stimulieren sie unser Wohlbehagen.

Aber mit Pflanzen läßt sich der Wintergarten auch gestalten: Hochwachsende wie Akazie, Eukalyptus oder Washingtonia-Palme unterteilen den Raum, bieten schattige, verwunschene Plätzchen; andere wie Glockenrebe und Jasmin klettern an Wänden empor, und die ganz niedrigen wie Bubiköpfchen flechten sich zu einem dichten moosartigen Teppich. Schließlich verbessern sie die Luft, wenn sie unter dem Einfluß von Sonnenlicht Sauerstoff produzieren.

◇

Das wirkliche Wintergarten-Ambiente macht erst die gekonnte Kombination aus Gestaltung, Pflanzung und der richtigen Einrichtung möglich.

Im Rahmen dieser grün betonten Architektursprache kommen aus Erfahrung nur subtropische Pflanzen in Frage, wie Palmen, palmenartige Gewächse und krautige Pflanzen. Der ideale Temperaturbereich liegt zwischen etwa 30 Grad im Sommer und fünf Grad im Winter. Diese Pflanzen sind für die meisten Wintergärten geeignet, weil sie viel Licht und vor allem den raschen Temperaturwechsel unter Glas vertragen und anders als die tropische Flora, die wenig Helligkeit verträgt, ohne große Luftfeuchtigkeit auskommen. Allerdings wird dabei vorausgesetzt, daß der Wintergarten von dem Wohnhaus abgetrennt werden kann, um auch die niedrigen Temperaturen im Winter, die für die Entwicklung dieser Pflanzen unter Glas lebensnotwendig sind, zu ermöglichen. Für den integrierten Wintergarten dagegen mit ganzjährig wohnlichen Temperaturen kommen wärmebedürftige Gewächse in Frage wie Goldfrucht- und Kentiapalme oder etwa die zahlreichen Verwandten des bekannten Gummibaumes, die Ficus-Arten.

Das ursprüngliche Erlebnis im Umgang mit Pflanzen ist das Hegen und Pflegen. Es ist die Freude an ihrem Gedeihen, die oftmals auch mit der Sorge um das Wohlergehen verbunden ist. Und auch der Triumph der Kennerschaft stellt sich erst dann ein, wenn der Wintergarten die Bedingungen erfüllt, die unsere Vorfahren experimentell und mit Hingabe entwickelt haben.

Neben dem Erleben des Pflanzengartens im Haus hat es durchaus Tradition, sich an Gewächsen zu erfreuen, die in schönen großen Kübeln gehalten werden. Ihre Wirkung beziehen diese Solitärs aus der Einheit der Proportionen des Gefäßes, seiner Oberfläche, der Ausstrahlung der Pflanze und dem Standort. So können Pflanzen im Wintergarten durchaus die Qualität und Anziehungskraft einer lebendigen Skulptur bekommen.

Die Pflege der einzeln plazierten Kübelpflanzen, vielleicht sogar beweglich aufgestellt, erfordert liebevolle Zuwendung, aber eigentlich wenig Zeitaufwand. Dagegen ist die mehr natürliche Pflanzung und Gestaltung in großflächigen Beeten aufwendiger. Das Bewässern, Düngen, Korrigieren und Zurückschneiden gleicht mehr einer Beschäftigung in einem echten Garten. Der Pflanzenfreund muß deshalb abwägen, inwieweit er den Umgang mit dem Grün pflegen möchte. Ob er sich auch der technischen Möglichkeiten wie zum Beispiel der automatischen Tröpfchenbewässerung bedienen möchte, um seinen Arbeitsaufwand möglichst gering zu halten oder ob der Umgang mit den Pflanzen selbst zu einem persönlichen Gewinn werden soll.

◇

Grünpflanzen sind ein wichtiger Bestandteil der Ausstattung eines Wintergartens, der noch viel zu wenig beachtet wird. Die Beschäftigung mit Pflanzen, einmal ernsthaft begonnen, wird den Wintergartenliebhaber kaum mehr loslassen.

WOHNKULTUR UNTER GLAS

Der Wintergarten für den Altbau

NEUNZEHN PROJEKTE

NEUE ARCHITEKTUR DES KLASSISCHEN GARTENZIMMERS

Architektin: Dipl.-Ing. Brigitte Streb, Hamburg

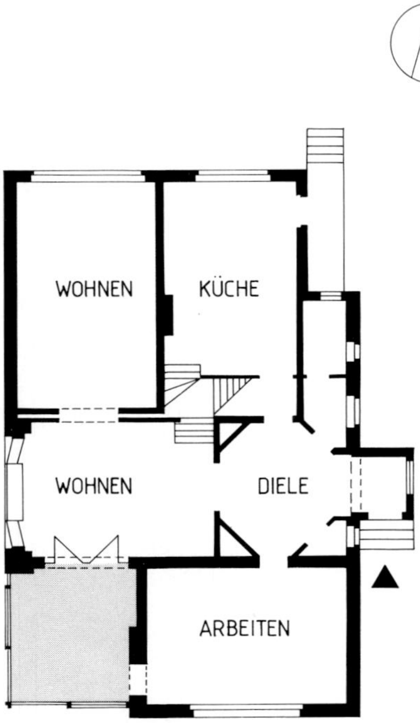

Grundriß Erdgeschoß

Ansicht vor dem Umbau

Der Neubau dieses »grünen« Gartenzimmers erfüllt die Funktion des Wintergartens alter Villenbauten. Es ist ein heller, sonniger Raum mit der besonderen Atmosphäre des Übergangszimmers zwischen Wohnhaus und Garten.

Im geschlossenen Zustand ist es der Garten unter Glas. Läßt es die Witterung zu, können die großen Schiebetüren weit geöffnet werden, und der Raum findet seine Erweiterung auf der Terrasse. Der durchgehende Natursteinboden (ein Anröchter grauer Dolomit) schafft die ganz selbstverständliche optische Verbindung zum Garten. Werden die Sprossentüren im Wohnraum geöffnet, signalisiert er die Gartenatmosphäre des »Fast draußen Seins«, und im Winter bietet die helle, grün gespachtelte Wand die Anmutung der farbigen Verglasung von Wintergärten der Jahrhundertwende: die Illusion lebender Vegetation.

Die geschlossene Decke des Gartenzimmers wird zum zwölf m^2 großen Südbalkon vor den beiden Räumen im Obergeschoß, die verglasten Brüstungen schaffen eine angenehme Weite und geben den Blick frei auf die neu gefaßte Terrasse und die liebevolle Bepflanzung im Vorgarten.

Die Architektur nimmt respektvoll die vorhandenen Formen, Richtungen und Höhen des Altbaus auf und ist doch eine unverwechselbare Sonderform, klassisch in der Funktion, zeitgemäß in der Formensprache.

TECHNISCHE DATEN

Planungsaufgabe: Anbau eines hellen Gartenzimmers mit darüber liegendem Balkon und Neugestaltung der Terrassenanlage
Grundfläche: ca. 15 m^2
Konstruktion: Zimmermannskonstruktion
Material: Meranti-Holz, weiß lackiert
Verglasung: Allseitig Isolierglas als Sonnenschutzglas, geneigte Flächen und Brüstungsfelder Sicherheitsglas

◇

**Der neue Wintergarten:
Aus dem recht dunklen Erker
wurde ein helles Gartenzimmer.
Hinter der gläsernen Brüstung
liegt der Balkon des
Obergeschosses.**

◇

Durchblick vom Wohnraum zum angrenzenden grünen Gartenzimmer. Im Winter können die Sprossentüren geschlossen werden, so daß das Glashaus nicht unnötig viel Energie verbraucht.

◇

Über die beiden großen Schiebetüren läßt sich die Ecke des Wintergartens zur Terrasse hin öffnen.

◇

Die Spiegelwand über dem Sofa sorgt für täuschende Transparenz.

VERÄNDERN, VERGRÖSSERN, VERBESSERN – WINTERGARTEN FÜR EIN FERTIGHAUS

Architekt: Dipl.-Ing. Klaus Mai, Lübeck

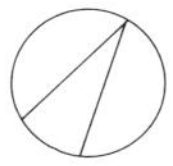

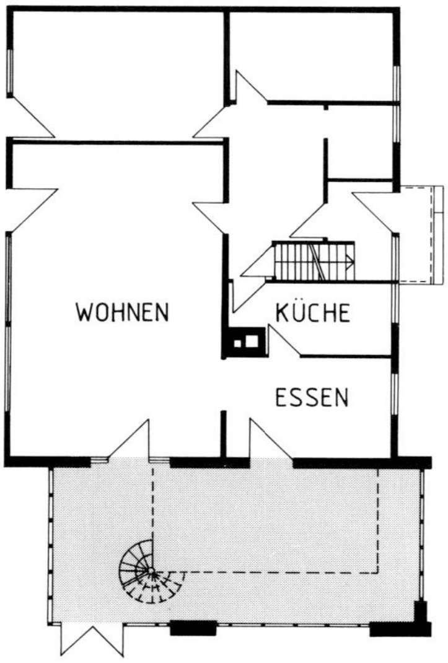

Grundriß Erdgeschoß

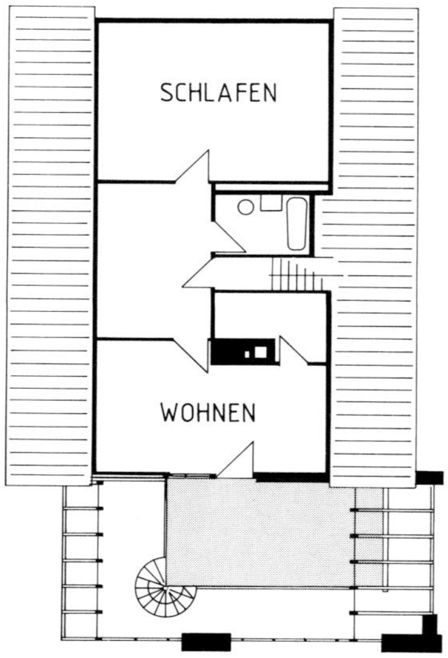

Grundriß Obergeschoß

Straßengiebel vor dem Umbau

Die Bauaufgabe ist alltäglich. Ein Fertighaus, 20 Jahre alt, muß umgebaut und erweitert werden. Und meist soll das Haus dann auch gleich ein neues Gesicht bekommen, sollen Baukörper und Plattenfassade nicht länger die Fertighausherkunft verraten.

Das Beispiel zeigt einen zweigeschossigen Wintergarten, der durch seine Architektur, die großzügige Offenheit und durch die eingezogene Galerie eine ganz neue Qualität schafft. Das Glashaus ist als Pflanzenhaus konzipiert. Mit großen Pflanzbeeten im gewachsenen Boden ohne störende Betonsohle, mit automatischer Befeuchtungsanlage und einer Witterungsautomatik für Belüftung und Sonnenschutz.

Die vorhandene Giebelwand wurde aufgedoppelt und dient als Wärmespeicher. Die hinzugewonnene Energie kann über die Türen an das Haupthaus abgegeben werden.

Zur Säuberung der Dachverglasung – die Dachneigung reicht für die Selbstreinigung nicht aus – und für eventuelle Wartungsarbeiten gibt es eine verschiebbare Dachschrägenleiter.

TECHNISCHE DATEN

Planungsaufgabe: Steigerung der Wohnqualität eines Fertighauses durch ein ganzjährig nutzbares Pflanzenhaus mit offener Galerieebene

Konstruktion: In Stahlkonstruktion eingespannte Mauerwerksscheiben, tragende Stahlkonstruktion und einbrennlackierte Aluminiumprofile als Verglasungsebene

Größe: 46 m^2

Verglasung: Isolierverglasung mit Sicherheitsglas in den Schrägen

◇

Großzügig und offen: Von der unzureichenden Architektur des kleinen Fertighauses ist nichts mehr zu sehen.

◇

Der Wintergartenneubau und die Modernisierung des Fertighauses haben eine kontrastreiche Wohnqualität geschaffen.

◇

Durch die Galerie zum Wintergarten ist auch das Dachgeschoß erheblich erweitert und verbessert worden.

◇

Der Wechsel von transparenten und geschlossenen Flächen macht den Reiz des Wintergartens aus. Pflanzbeete und Pflasterung unterstreichen die unterschiedlichen Raumqualitäten.

LEBENSART GESTERN UND HEUTE – VOM GARTENSAAL ZUM WINTERGARTEN

Architekt: Hans Roth, Calw

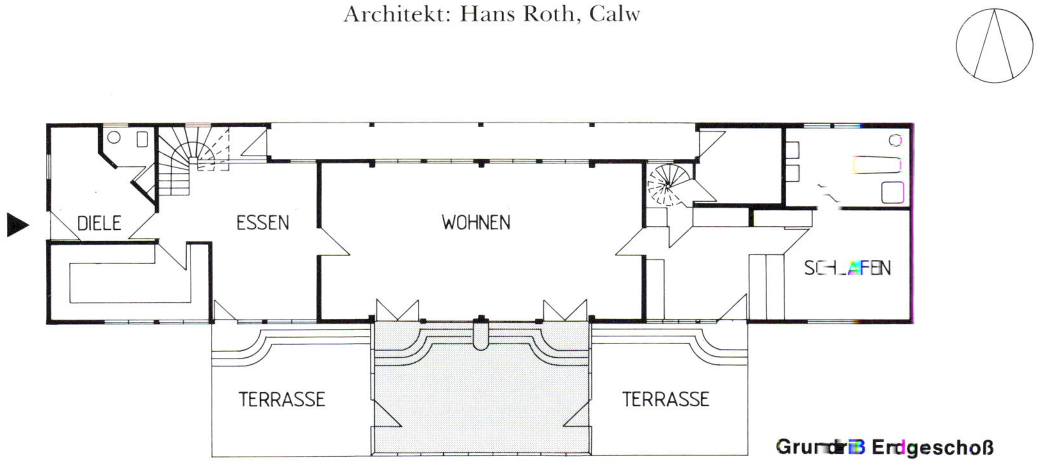

Grundriß Erdgeschoß

Das Gartensaalhaus vor dem Umbau

Die Architektur ist zu neuem Leben erwacht.

Einst wurden in dem zu einem Herrenhaus gehörenden Gartensaal der Remise die Sommerfeste gefeiert. Heute, nach erfolgtem Umbau, ist er großzügiger Wohnraum, in den aber wegen der Tallage des Grundstücks und des alten Baumbestandes nur wenig Sonne hereinkommt.

Der Wintergarten hat daher die Funktion eines zusätzlichen, ganzjährig nutzbaren, hellen Gartenzimmers. Er dient als geschützter Freibereich, da auch die angrenzenden Terrassen wegen der besonderen Grundstückssituation (viel Feuchtigkeit und Straßenlärm) nur wenige Male im Jahr zu nutzen sind.

Drei Stahlrahmen und sechs vor die alte Fassade gestellte Stützen bilden die statische Primärkonstruktion. So konnten die Aluminiumprofile für die Verglasung besonders schlank gehalten werden. Damit wurde die Forderung der Denkmalpfleger, den freien Blick auf das alte Gebäude mit seiner schmuckreichen Holzfassade nicht zu beeinträchtigen, erfüllt.

TECHNISCHE DATEN

Planungsaufgabe: Umbau einer denkmalgeschützten Remise mit Gartensaal zum Wohnhaus mit Wintergarten
Konstruktion: Stahlrahmen mit selbsttragender Dach- und Fassadenkonstruktion
Größe: 34 m²
Belüftung: Automatische Steuerung der Dachflächenfenster über Temperatur- und Regenfühler
Verglasung: Isolierverglasung und Sicherheitsglas in den Dachschrägen
Bepflanzung: Kletterpflanzen und Bodendecker im Pflanztrog und zusätzlich Kübelpflanzen
Sonnenschutz: Alter Baumbestand

◇

Das sonnendurchflutete Gartenzimmer steht in heiterem Kontrast zur Großartigkeit des inneren Wohnraumes, der früher Festsaal war.

◇

Die transparente Glashaut gibt den Blick frei auf die dekorative ehemalige Gartensaalfassade.

GARTENPAVILLON EINES PFLANZENLIEBHABERS

Architektin: Dipl.-Ing. Angelika Scholz, Hamburg

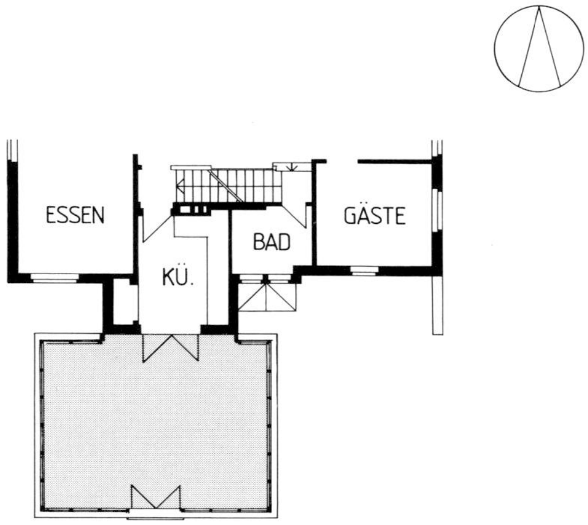

Grundriß Erdgeschoß

Südansicht

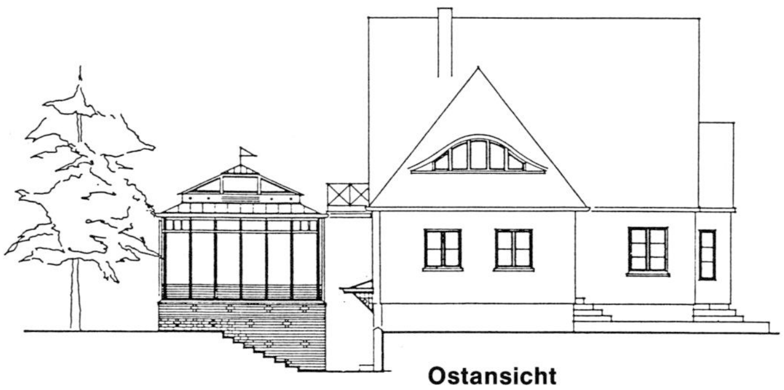

Ostansicht

Eine solche Bauaufgabe ist mit dem handelsüblichen Wintergartenangebot nicht zu realisieren. Dafür waren die Wünsche des Auftraggebers an die architektonische Form, die Größe und die technische Ausstattung eines Gewächshauses zu ausgefallen und entschieden.
Entstanden ist eine Architektur, die sich an den Vorbildern historischer Palmenhäuser orientiert. Auch wenn die Dimensionen hier natürlich sehr viel kleiner sind, reicht die Höhe von fast fünf Metern doch aus, den Eindruck »unter Palmen« zu vermitteln.
Die schlanken, aus einfachen Winkelprofilen gestalteten Stahlstützen mit den astartigen Auslegern greifen auf alte Motive zurück. Sie betonen die Höhe und geben dem Innenraum die gewünschte Leichtigkeit. Baukörper, Innenraum und technische Ausstattung zeigen überall eine intensive Arbeit am architektonischen Detail, und die technische Ausstattung, die Belüftungs- und Bewässerungseinrichtungen machen den Pavillon auch zu einem vollwertigen Gewächshaus. Für den notwendigen Sonnenschutz sorgt der dichte Baumbestand auf dem Grundstück.

TECHNISCHE DATEN

Bauaufgabe: Schaffung eines kleinen »Palmenhauses« als besonderer Eßplatz inmitten üppiger Pflanzen
Größe: 30 m^2
Konstruktion: Vier Stahlstützen und eine leichte Stahlkonstruktion aus zusammengesetzten Winkelprofilen bilden die Tragstruktur für das Dach und die selbsttragende Holzfassade aus Oregon-Pine
Verglasung: Sonnenschutzglas und farbige Isolierverglasung auf den Ecken

◇

Die zweiflügelige Sprossentür führt aus der Küche in den Wintergarten.

◇

Wie ein Gartenpavillon ist der Glasanbau frei vor das Einfamilienhaus gestellt worden.

◇

Die Tragkonstruktion übernehmen vier aus Winkelprofilen zusammengesetzte Stahlstützen. Dadurch konnte die Fassadenkonstruktion extrem schlank gehalten werden. Farbige Isolierverglasung auf den Ecken knüpft an die alte Wintergartentradition an.

GLÄSERNE ARCHITEKTUR – EINE UNGEWÖHNLICHE HAUSERWEITERUNG

Architekten: Fischer, Steiger, Tschaidse, München

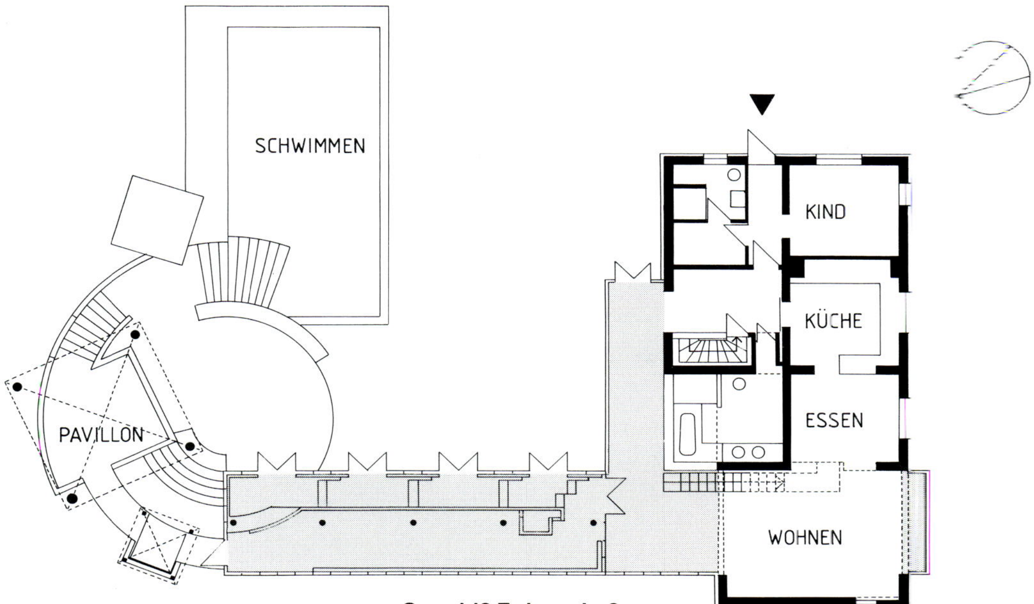

Grundriß Erdgeschoß

Der Umbau zeigt, welche überraschenden Effekte sich mit der konsequenten Verwendung von Elementen der Gewächshausarchitektur erzielen lassen: eine großzügige Gesamtanlage, die Umsetzung eines sinnvollen energetischen Konzeptes und die Schaffung eines eindrucksvollen Gewächshauses, das auch als Verbindungsgang zum Pavillon dient und mit diesem zusammen einen geschützten Gartenhof bildet.

Der eigentliche Wintergarten bringt die gewünschte Erweiterung des Wohnraumes, ebenso der in der Achse liegende Glaserker. Dieser Achse folgt das abgetrennte, nicht heizbare Gewächshaus, das, zweigeteilt, nördlich einen Verbindungsgang zum Freisitz schafft und zum Gartenhof hin in seiner fünffachen Höhenabstufung dem Gelände folgt. Über die großen Flügeltüren, die den Eindruck dieser »Orangerie« bestimmen, läßt sich das Gewächshaus problemlos versorgen. Das gläserne Schuppendach kann über die gesamte Länge geöffnet werden und schafft ausreichend Ventilation, so daß sich ein zusätzlicher Sonnenschutz erübrigt.

TECHNISCHE DATEN

Planungsaufgabe: Umbau eines Einfamilienhauses mit Wintergarten, Glaserker und Gewächshaus
Glasanbauten: ca. 62 m^2
Konstruktion: Mittelstützen als statische Primärkonstruktion und Filigranträger für Fassade und Dach
Besonderheit: Trennung von Tragkonstruktion und Glasfassade; die Glasscheiben werden durch Klammern mit Abstand zur Konstruktion gehalten – ohne Glashaltesprossen
Material: Stahlstützen und polierte Edelstahl-Filigranträger
Verglasung: Allseitig Zweischeiben-Isolierverglasung

◇

Zu Seite 52:
Das Gewächshaus folgt auf der Gartenseite stufenförmig dem Geländeverlauf.

◇

Zu Seite 53:
Blick in das Gewächshaus. Die eingespannten Stützen auf dem Verbindungsgang tragen das leichte Glasdach.

◇

Oben:
Das Prinzip der sprossenlosen Schuppenverglasung schafft eine fast schwerelose Transparenz.

◇

Zu Seite 55:
Die neu geschaffene Anlage mit Wintergarten, Gewächshaus und Freisitz. Auch wenn der Altbau verfremdet wurde, so ist er doch nicht zum Fremdkörper in der Landschaft geworden.

◇

Orangerieartig öffnet sich die Gartenfassade des abgestuften Gewächshauses.

◇

Gewächshaus und überdachter Freisitz schirmen hofartig die Terrasse ab.

ENTWURFSIDEE: BERGSTATION UND ADLERHORST

Architekten: Oxen + Römer, Köln

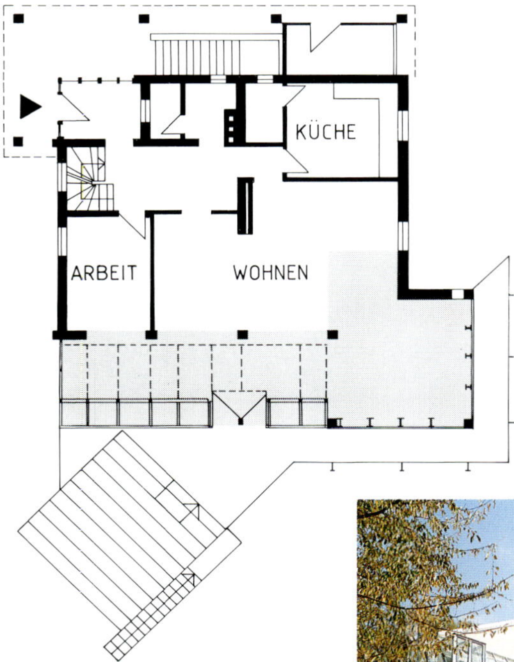

Grundriß Erdgeschoß

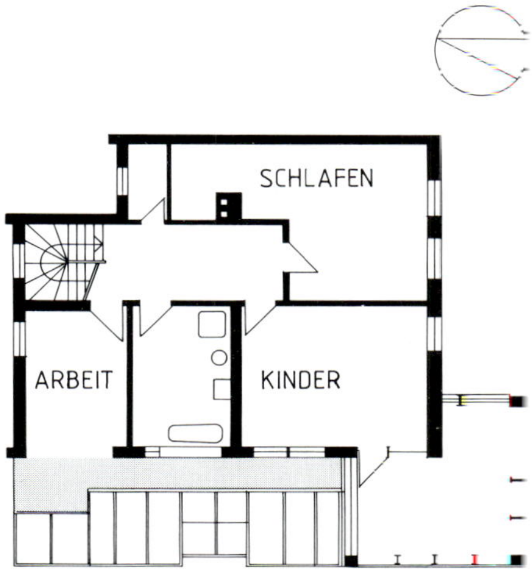

Grundriß Obergeschoß

Horstartig beugen sich Freisitz, Wintergarten und obere Terrasse über den steilen Hang mit weitem Blick ins Tal.

Der Umbauanlaß war alltäglich: Ein zu kleines, einfaches Fünfziger-Jahre-Haus, energietechnisch völlig unzureichend, sollte erweitert und saniert werden.

Das Besondere war die Grundstückslage: ein Steilhang mit weitem Ausblick ins Tal. Ihn galt es mit dem Wintergarten, der adlerhorstartig vor das Haus gestellt wurde, zu erschließen.

Die Bauteile für diesen »Horst« mußten zwar nicht eingeflogen, aber doch so bemessen werden, daß sie von jeweils zwei Personen zu tragen waren, da wegen der Steillage des Grundstücks eine direkte Anfahrt mit Auto oder Kran nicht möglich war. Es wurden daher industriell vorgefertigte Teile verwandt, die, vormontiert und wieder zerlegt, auf der Baustelle zusammengesetzt wurden.

Der Wintergarten, wie eine große Glasscheibe gegen die Fassade gelehnt, bietet zusammen mit dem Verandavorbau über 40 m² mehr Wohnfläche im Erdgeschoß. Davor liegt, mit weitem Blick, die pilzartig aufgestelzte Terrasse. Der Freisitz im Obergeschoß ist so konzipiert, daß er später auch zu einem Wintergarten geschlossen werden kann.

TECHNISCHE DATEN

Planungsaufgabe: Modernisierung, Erweiterung und energietechnische Sanierung eines Fünfziger-Jahre-Hauses

Besonderheit: Grundstückslage ohne Zufahrtsmöglichkeit für Baufahrzeuge

Nutzflächen des Wintergartens insgesamt: ca. 45 m²

Konstruktion: Feuerverzinkte, zerlegbare Stahlkonstruktion, Fassaden- und Fensterelemente aus thermisch-getrennten Aluminiumprofilen

◇

Die seitliche Wintergartenfassade mit umlaufend auskragendem Balkon über dem neu angelegten Teich.

◇

**Aus der Nähe:
Das schräg gegen die Fassade gelehnte Glasdach mit der senkrechten Fassade vor dem oberen Balkon. Statik und Anschlußmöglichkeiten für einen weiteren Wintergarten auf der oberen Terrasse sind vorgesehen.**

◇

Blick vom oberen Balkon in den Wintergarten. Über die Lamellenschlitze kann die überschüssige Warmluft dem Kernhaus zugeführt werden.

◇

Alte Terrakottafliesen schaffen Gewächshausatmosphäre.

STILGERECHT RENOVIERT, ABER MIT VIEL TRANSPARENZ

Architekten: Dipl.-Ing. Gernot + Roswitha Schlüter, Mechernich

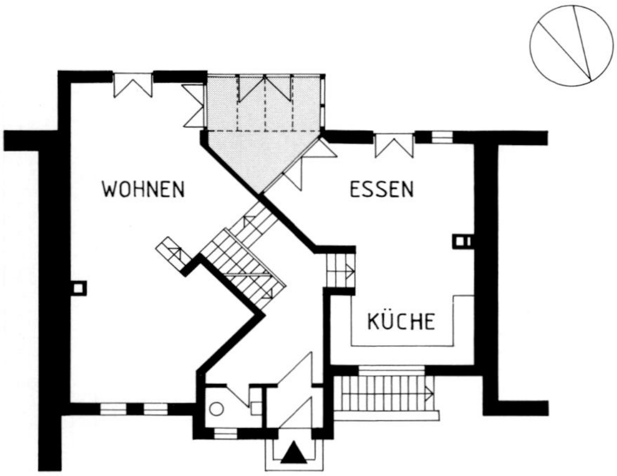

Grundriß Erdgeschoß

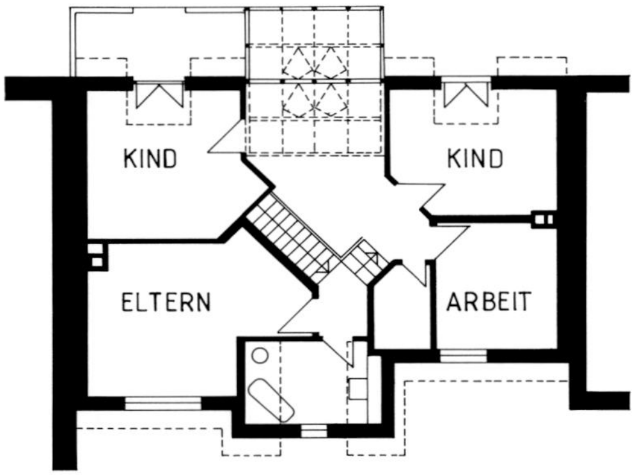

Grundriß Obergeschoß

Vorher:
Der ehemalige Mühlenbau, an einem See idyllisch gelegen, war unbewohnbar geworden.
Ein Brand vernichtete zusätzlich die Einrichtung.

Denkmal- und Ensembleschutz hießen die Hürden, die bei der Renovierung und dem Neubau zwischen den beiden Haupthäusern des Mühlenkomplexes zu überwinden waren. Sollte der Mitteltrakt auch wieder im historischen Stil wiederhergestellt werden? Bauherr und Architekten entschieden sich für eine behutsame Modernisierung. Zwar wird die Formensprache des vorhandenen Gemäuers übernommen, doch mit zeitgemäßen Stilmitteln. Die Dreiteilung der Fassade mit dem zweigeschossigen Wintergarten korrespondiert gefühlvoll mit den beiden bestehenden Fassaden. Über eine fast 50 m² große Glasfläche, die sich bis in die Dachschräge hinaufzieht, öffnet sich das Haus zu dem romantisch verträumten Mühlenteich und gewährt den Bewohnern freundliche, lichtdurchflutete Wohnräume. Die Trennwände zu den Innenräumen wurden in Vollziegel ausgeführt, um die Speichermasse zu erhöhen. Als weiterer Speicher dient der Fußbodenbelag (Fliesen auf Beton). Die Wärme kann bei Bedarf durch Fenster und Türen nach innen oder außen abgeleitet werden.

TECHNISCHE DATEN

Bauaufgabe: Wiederherstellung des historischen Baukomplexes (ehemalige Mühle) nach einem Brand und Neubau des Mitteltraktes unter Rücksichtnahme auf Proportionen und Stilelemente
Größe: etwa 12 m²
Konstruktion: Leimholzkonstruktion 8/12 cm
Verglasung: Zweischeiben-Isolierglas mit 16 mm Zwischenraum; geneigte Fläche mit Verbund-Sicherheitsglas

◇

**Nachher:
Die beiden alten
Gebäude rechts und links
sind originalgetreu wieder
aufgebaut worden.
Der Mittelbau mit dem
vorkragenden Wintergarten setzt behutsam
moderne Akzente.**

◇

Der zweigeschossige Wintergarten in Südwestlage lädt immer wieder zum gemütlichen Beisammensein ein. Der Bodenbelag: innen weiße Fliesen

◇

Alles in diesem Neu- und Altbau ist in freundlichem Weiß oder Hellgrau gehalten. Die Pflanzen wie Oleander, Strahlenaralie und Drachenbaum bieten einen wohltuenden Kontrast.

◇

Im Dachgeschoß bietet der Neubau einen hellen, freundlichen Sitz- und Spielraum vor den beiden Kinderzimmern. Rechts ist der Luftraum des Wintergartens zu erkennen. Bei Bedarf kann das Fenster geöffnet werden, um erwärmte Luft ins Haus abzuleiten.

◇

Viel Licht und Luft bringt der Wintergartenvorbau in das alte Gemäuer. Hier der Blick in das »Treppenhaus« mit dem Ausgang in den Wintergarten (unten) und in den Bereich der Kinderzimmer (oben).

EIN SONNENHAUS – TOR ZUR NATUR

Architekten: Architektur-Gruppe Bergmann + Boerdner, Hünstetten

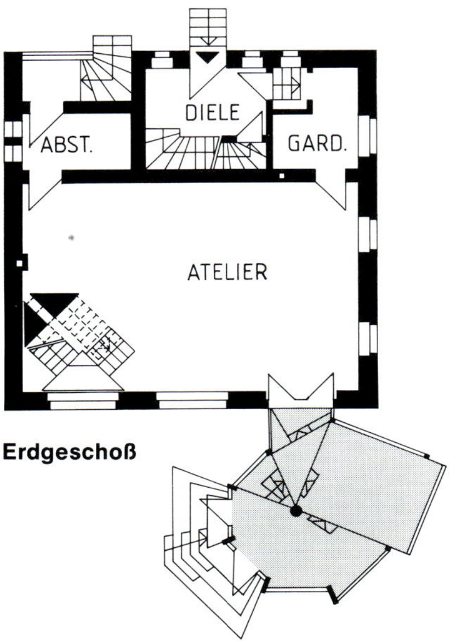

Grundriß Erdgeschoß

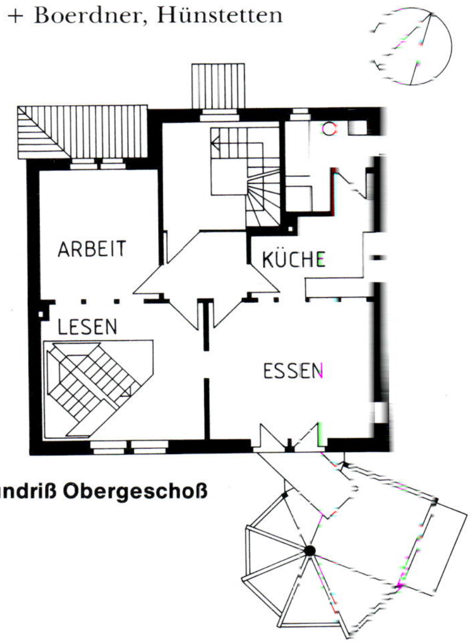

Grundriß Obergeschoß

Die Funktionen, die der expressiv anmutende Baukörper erfüllen soll, unterscheiden sich nicht von denen »normaler« Wintergärten: Verbindungsbau zum Garten, Schaffung eines Freisitzes und passive Nutzung von Solarenergie.

Das Entwurfskonzept aber ist ungewöhnlich. Ausgangsidee ist das Baumhaus – Wunschtraum aller Kinder, unerreichbar und verborgen inmitten des Astwerks sitzen zu können – mit dem freien Ausblick über die Dächer des Dorfes in die Landschaft. Diesen Wunsch erfüllt der Freisitz auf der Ebene des Obergeschosses und mit diesem durch eine Brücke verbunden – inmitten der Äste der alten Birke.

Und da der ganze Baum nicht zu verglasen ist, soll das Sonnenhaus selbst dem Boden entwachsen, dem Haus entgegen. Daher die Wendelung des Baukörpers um eine Mittelachse, symbolhaft das organische Wachstum andeutend. Die einzelnen Stufen innerhalb des Glashauses überwinden einen Höhenunterschied von 1,40 Metern, ihre Überbreite ist so ausgelegt, daß sie auch als Sitzbereich dienen können. Die verbleibenden 1,20 Meter zum Garten werden durch eine nahezu schwebende, eingeschobene Treppe überwunden, deren Stufen auch als Sitz- und Liegeflächen zu nutzen sind.

Im Gegensatz zu den sehr sauber ausgeführten Details des Innenausbaues des Haupthauses wurden die Materialien für das der Witterung ausgesetzte Baumhaus eher grob gewählt: Industriematerialien, die ihre Vollendung nur durch die Art der Oberflächenbehandlung andeuten. So wurden die meisten Stahlteile roh verzinkt belassen, während die baumartige Mittelstütze und der Sockelbereich einer sorgfältigen und sensiblen Farbbehandlung unterzogen wurden, die wiederum in einer kunstvollen Verbindung zum Haupthaus steht.

Viele Überlegungen, Gespräche, Skizzen und Modelle waren nötig, um die vielfältigen Ideen von Bauherren und Architekten für das Sonnenhaus umzusetzen. Entstanden ist ein ungewöhnlicher Bau, eine artifizielle Architektur, die sich selbstbewußt und spielerisch von dem Ernst des alten Schulhauses absetzt.

TECHNISCHE DATEN

Bauaufgabe: Umbau eines Ein-Klassen-Schulhauses von 1905 zu einem Wohnhaus mit Atelier; Verbindung des Erd- und Obergeschosses zum Garten durch einen angesetzten Neubau, das Sonnenhaus, und einen Freisitz als Ausguck in die Landschaft

Konstruktion: Statische Grundkonstruktion aus Holz, der Mittelschaft als Leimbinder, die eindringenden und verbindenden Konstruktionsteile aus verzinktem Stahl

Verglasung: Senkrechte Flächen aus Einfachglas, geneigte Flächen aus Drahtspiegelglas

Energiekonzept: Der gemauerte Sockel des Sonnenhauses ist mit Steinsplitt gefüllt und dient als Speicher. Zuführung der überschüssigen Warmluft, auch der des Heizraumes, über Kanäle an das Haupthaus

Von der Idee zum Entwurf

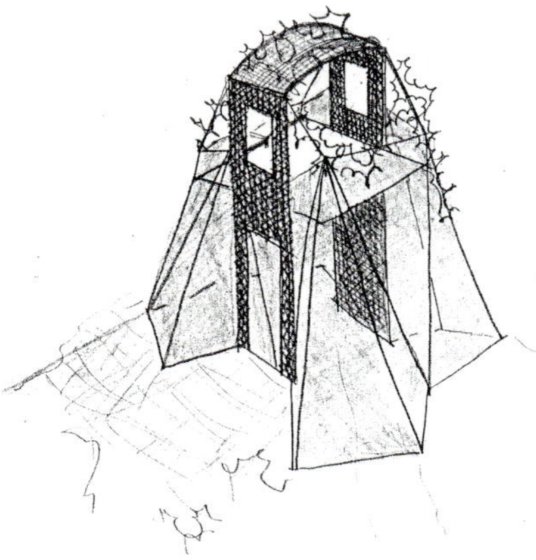

◇

Das Spiel der Flächen läßt diesen recht großen Baukörper leicht, fast schwerelos erscheinen.

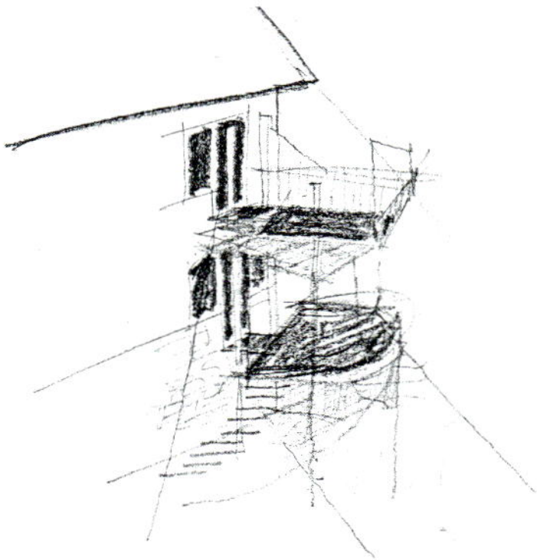

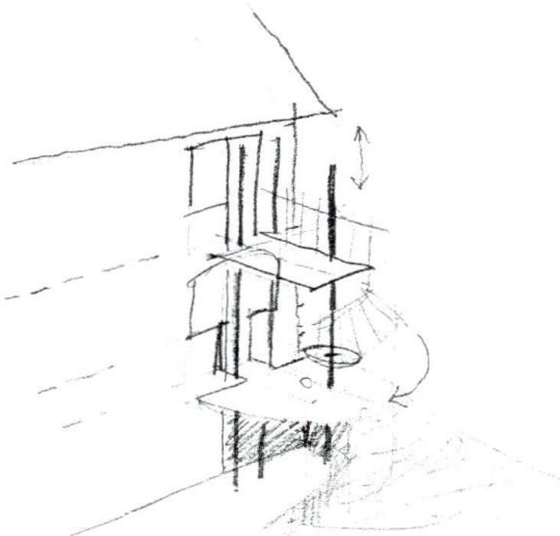

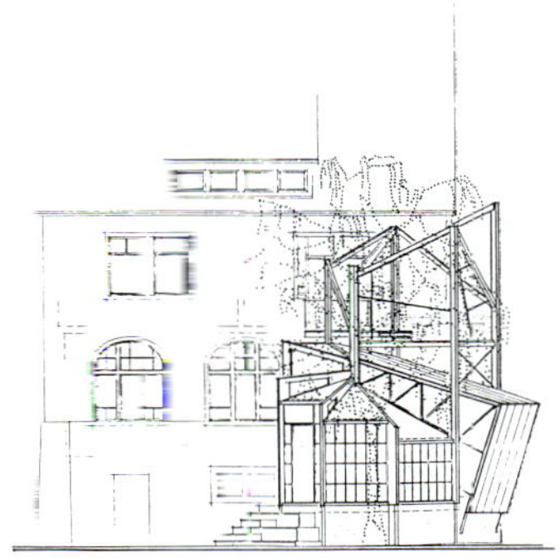

◇

Der expressive Baukörper mit der unteren Wintergartenebene und dem oberen Freisitz

◇

Bei größerem Platzbedarf lassen sich die verzinkten Sitze, von den Architekten entworfen, an die schräge Rückwand klappen.

◇

Die Höhenversprünge und verschieden gestalteten Flächen der Fassade betonen die Wendelung des Sonnenhauses.

◇

Der Sockel des Sonnenhauses ist Freskofläche für den Bauherren, der als Künstler in enger Abstimmung mit den Architekten sein differenziertes Farbkonzept umsetzen konnte.

◇

Blick von der Freisitzbrücke auf die abgestuften Flächen des Sonnenhauses, die sich in entgegengesetzter Richtung in den Gartenstufen fortsetzen.

◇

Zu Seite 73:
Der Blick aus dem Wohnraum auf die untere Ebene des Sonnenhauses mit der zentralen Pfahlstütze. Die rechte Tür führt über die breiten Ebenen der Holztreppe in den 1,20 Meter tiefer liegenden Garten.

UNTER FREIEM HIMMEL

Architekt: Karl Odorizzi, Wels

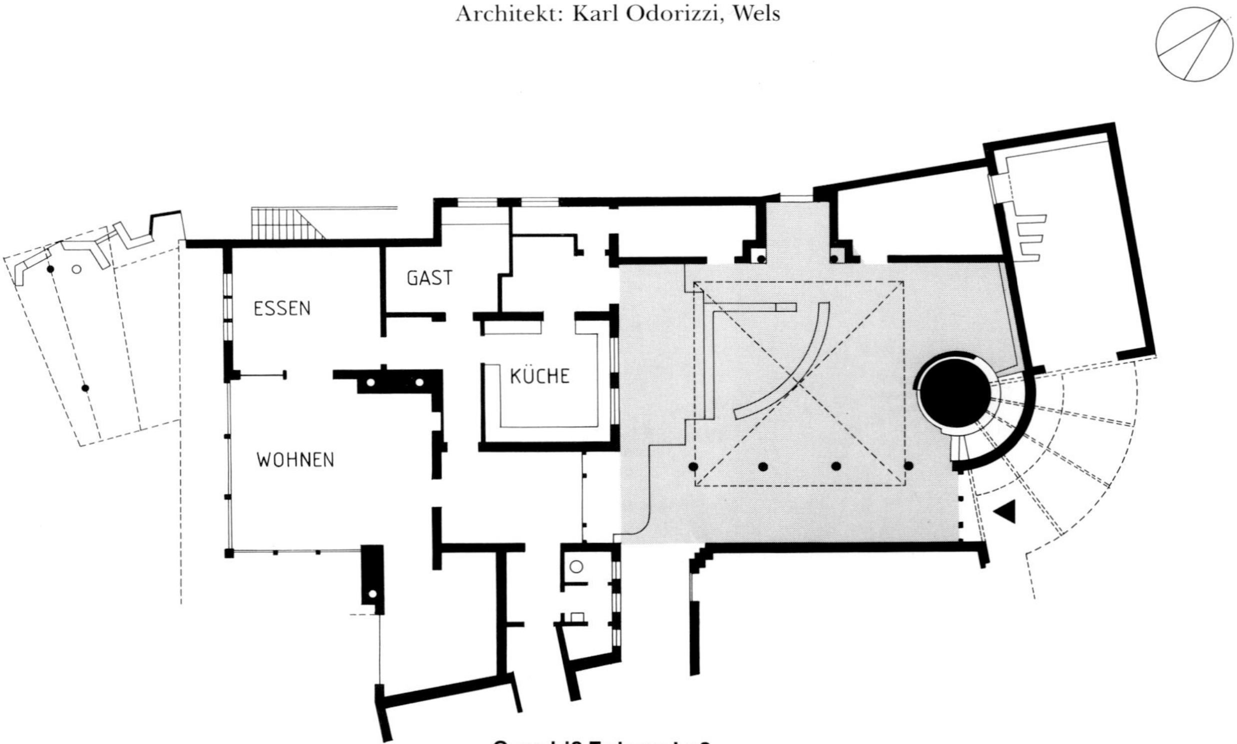

Grundriß Erdgeschoß

Geborgenheit und Schutz vor der Witterung, aber soviel Offenheit gegenüber der Natur wie möglich, das waren die Wünsche der Bauherren. Mit Pflanzen leben, die Natur als ein Teil des eigenen Lebensablaufes verstehen, das Spiel der Wolken verfolgen – und all das zu allen vier Jahreszeiten.
Entstanden sind ganz unterschiedliche Räume aus Glas. Das große Atrium mit der 64 m^2 großen, gläsernen, pyramidenförmigen Öffnung ist vor allem Pflanzenhaus. Die Lichtöffnung schließt aber auch den hohen Baumbestand, die nähere und weitere, höher liegende Umgebung und die Wolken in das Raumerlebnis ein.
In der Fortsetzung des Atriums liegt die Wohnhalle mit einer zweiten, halboffenen Wintergartenzone, die sich über große Schiebe-Glaselemente zum Garten hin öffnen läßt. Von hier aus geht der Blick weit über den See.
Das verglaste Faltdach, das sich gleichsam dem See entgegenstreckt, führt schützend zum freien Sitzplatz in der Natur – im Winter läßt er sich durch einhängbare Glaselemente zu einem geschlossenen Glashaus verwandeln.
Die Sonne ist nicht nur Energiespender für die Pflanzen. Über die großen Glasebenen nach Süden und über die Glaspyramide werden die eindringenden Strahlen als solare Wärme genutzt, die über eine Umluftwalze in alle Räume transportiert werden kann. Eine klimakontrollierende Steuerung sorgt für den nötigen Sonnenschutz und gegebenenfalls für die Öffnung des Glasdaches.

TECHNISCHE DATEN

Bauaufgabe: Erweiterung eines Fünfziger-Jahre-Hauses
Planungsziel: Eine Raumfolge mit dem neuen Erweiterungsbau zu schaffen, der »Marktplatzfunktion« unter (fast) freiem Himmel bietet
Besonderheit: 8,0 m × 8,0 m große Glaspyramide als freitragende Aluminiumkonstruktion

◇

Die 64 m² große Glaspyramide mit den acht motorisch gesteuerten Lüftungsflügeln

Die Gesamtanlage
mit Freisitz, Wohnwintergarten
und dem rechten, vorhandenen
Flachdachbau, der großzügig
erweitert wurde.

Vor dem Wintergarten
liegt der geschützte Freisitz mit
Außenkamin. Der Verandabau
kann im Winter mit gläsernen
Wänden geschlossen
werden.

Zu Seite 77:
Das große Atrium
– fast – unter freiem
Himmel

NEUE FORMEN FÜR EIN SIEDLUNGSHAUS DER FÜNFZIGER JAHRE

Architekt: Dipl.-Ing. Michael Ruhl, Herbstein

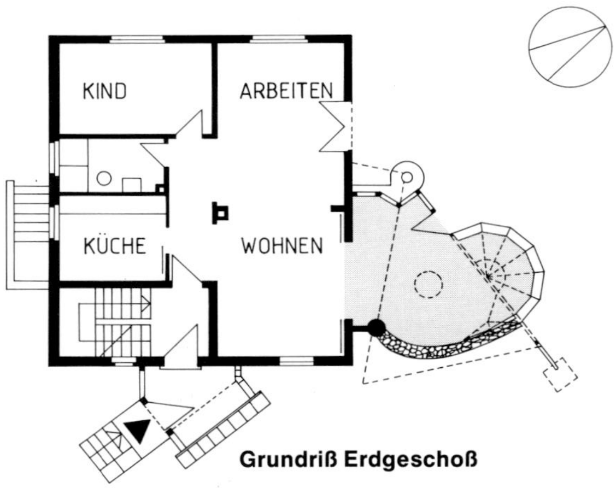

Grundriß Erdgeschoß

Aus der Vogelperspektive werden die neuen Formen deutlich. Links ist der Windfang zu erkennen, vorn der Wintergartenanbau mit dem Grasdach.

Das soll ein Haus aus den fünfziger Jahren sein? War es mal. Nachdem es in den letzten Jahren arg heruntergekommen war, mußte es wieder bewohnbar gemacht und auch erweitert werden, und zwar für eine fünfköpfige Familie. Und außerdem war eine Sanierung, eine Dämmung der Wände dringend notwendig.

Der Architekt griff zu ungewohnten Gestaltungselementen. Sein Konzept: Steinhöhle und Glaszelt als sich überlagernde, archaische Bauformen.

Das Ergebnis ist voller Kontraste, farbenfroh und freundlich, naturverbunden und ein wenig skurril. Es entstanden interessante Durchblicke, die neugierig machen und belebende Räume, die zum gemütlichen Beisammensein, aber auch fürs Basteln, Nähen oder Töpfern genutzt werden. Im Erdgeschoß führt eine Schiebetür in den neu geschaffenen, zweiteiligen Wintergarten: Der Hauptraum entsteht unter dem dreieckigen Grasdach, dem ein halbkreisförmiger Glaskegel angegliedert ist. Zur Nordseite erhält er eine in sich gewundene Basaltsteinwand, die allmählich nach Süden in eine Glaswand übergeht. Im Obergeschoß wird der südwestliche Raum durch die Schleppgaube erweitert und erhält einen kleinen Balkon, von dem man auf das Grasdach gelangen kann.

TECHNISCHE DATEN

Größe: etwa 25 m^2

Konstruktion: Das dreieckige, begrünte Dach ruht auf drei Stützen, die jeweils aus Rundholz/Betonpfeiler und schräger Stahlstütze abgefangen werden

Besonderheit: Flaschenkranz als Betonpfeilerkapitell

Belüftung: Tonrohre in Sockel, Fenster und in der Rundhaube (in der Mitte des Grasdaches)

Verglasung: Zweischeiben-Isolierglas und Sicherheitsglas für die geneigten Flächen

◇

Der Blick über die Holzterrasse zeigt das ungewöhnliche Glashaus in Form eines halbkreisförmigen Glaskegels, der mit einer verzinkten Haube bedeckt ist. Rechts oben im Foto liegt der kleine Balkon, über den das Grasdach betreten werden kann.

VOM WINKELBUNGALOW ZUM TRAUMHAUS

Architekt: Dipl.-Ing. Richard Pawlowski, Warendorf

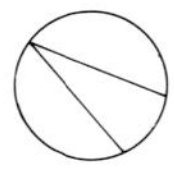

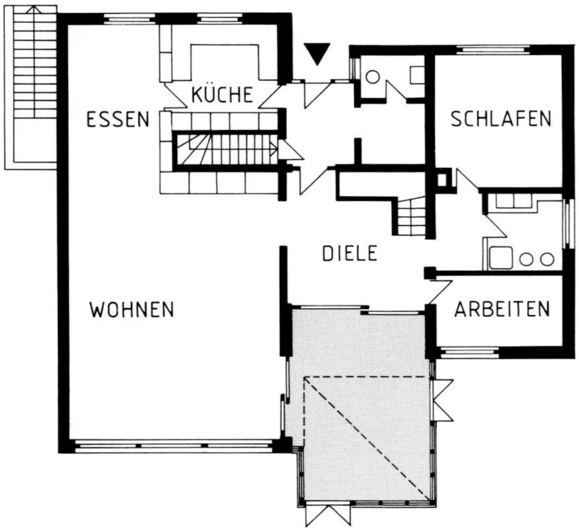

Grundriß Erdgeschoß

Südwestansicht

Der Wunsch vieler Bauherren nach einer zeitgemäßen Wohnraumerweiterung ist verständlich. Sie bietet meist die preiswerteste Möglichkeit, seinen persönlichen Wohnkomfort zu steigern. Denn ein Umzug in einen Neubau würde einen weitaus höheren Aufwand erfordern und ein Vielfaches mehr kosten. Eine Wohnraumerweiterung bedeutet, wenn sie zeitgemäß sein soll, mehr Helligkeit ins Haus zu bringen, also unter Verwendung von viel Glas.

Wie läßt sich bei einem ganz normalen Winkelbungalow solch ein Auftrag erfüllen? Um den neuen Raum nicht wie einen nachträglichen Anbau wirken zu lassen, muß ein Konzept erarbeitet werden. Die beste Lösung ist es, Bezüge zwischen Alt- und geplantem Anbau zu schaffen, bestehende Linien, Formen oder Materialien aufzugreifen. Hier entschied sich der Architekt dafür, für den Wintergarten die Neigung des vorhandenen Daches (38 Grad) zu übernehmen. Doch um dem transparenten Wohnraum genügend Höhe zu geben, wurde der Glasanbau wie ein separater Bau an das Haus gefügt. So wird die Architektur des Hauses wiederholt, wenn auch mit anderen Materialien: mit Aluminium, Stahl und Glas. Reizvoll ist bei dieser relativ kleinen Lösung die mittige Kehle im Glasdach mit dem Wasserspeier.

Die Schiebetüren zu der ehemaligen Terrasse blieben erhalten. So kann der Wintergarten ganz nach Wunsch zum Kernhaus geöffnet oder ganz abgeschottet werden. Dies kann sowohl im Sommer nötig sein, um die erwärmte Luft ins Haus zu holen oder nach draußen abzuleiten, als auch an kalten Wintertagen, wenn der Wintergarten nur auf unwirtliche zehn Grad temperiert wird.

TECHNISCHE DATEN

Bauaufgabe: Erweiterung des Wohnraums in einem Einfamilienhaus
Größe: ca. 16 m^2
Konstruktion: Stahlkonstruktion (verzinkt) mit Abdeckprofilen aus Aluminium, die weiß einbrennlackiert sind
Verglasung: Isolierverglasung; mit VSG in den geneigten Flächen
Belüftung: Querlüftung durch motorisch betriebene Ausstellfenster
Sonnenschutz: Innen liegende Raffrollos

◇

Der hochaufragende Wintergarten bringt den gewünschten Raumkontrast zu den Räumen des Haupthauses. Angenehm für die Augen ist der graue, keramische Belag, der bei Sonneneinstrahlung die oft störende Helligkeit dämpft.

◇

Als Gegensatz zu dem gedrungenen Baukörper erhebt sich der neue Wintergarten auf die stattliche Höhe von 4,65 Meter. Die Fläche unter der ehemaligen Terrasse wurde in das Glashaus einbezogen.

EIN NORDALTAN, DER DIE SONNE EINFÄNGT

Architekt: Dipl.-Ing. Peter H. Wilkens, Hamburg

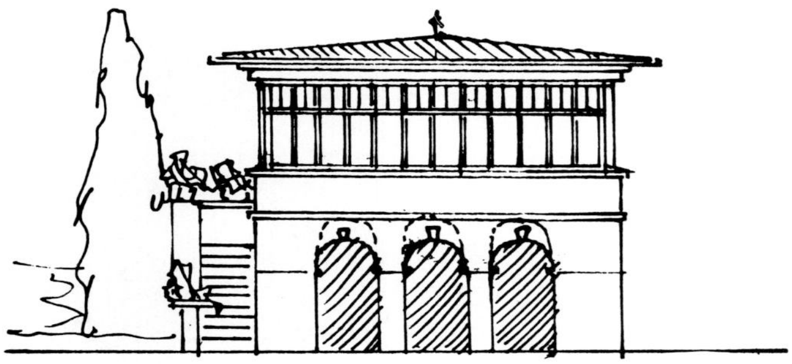

Entwurfsskizze

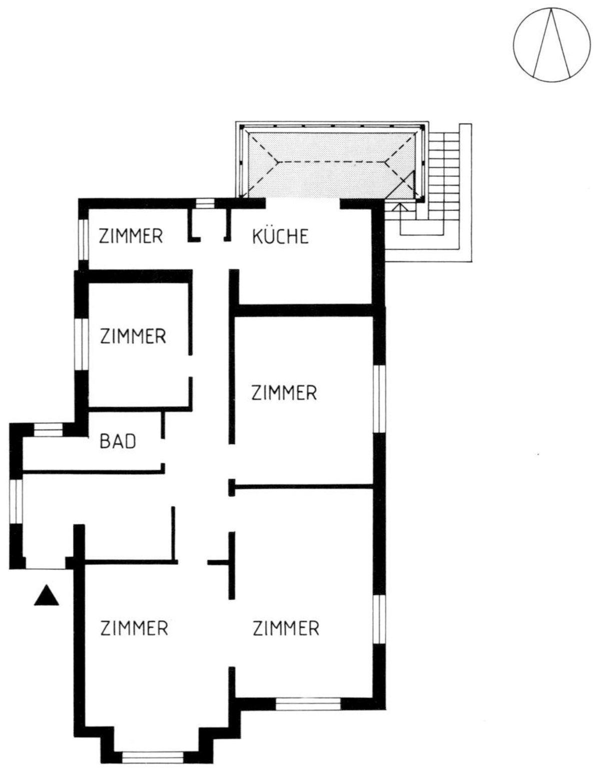

Grundriß Erdgeschoß

Diese Hamburger Vorortvilla aus der Jahrhundertwende hat während der Jahre des ruppigen Sanierungsrausches einiges von ihrem ursprünglichen Charme verloren.

Mit der Planungsaufgabe eines Wintergartens als Frühstückszimmer ist nun der erste Schritt zum Rückbau in das Format der alten Architektur getan. Aber es wird nicht nur die formale Qualität des alten Hauses aufgewertet. Durch den über Eck geschobenen Vorbau erhält die Nordküche auch endlich die willkommene Besonnung und einen direkten Zugang zum schönen, aber tiefer liegenden und bisher nur umständlich erreichbaren Garten. In der Sockelzone entstand ein offener, geschützter Sitzplatz, dessen arkadenartige Bögen, die Freitreppe und das flach geneigte Ziegeldach ein wenig vom Zauber der Villenarchitektur der Toskana vermitteln.

Aus der nüchternen Bauaufgabe einer Küchenerweiterung wurde ein architektonisches Kleinod, das neben seiner funktionalen Qualität vor allem das Atmosphärische des Hauses verbessert und Lust macht, irgendwann auch mit der Veränderung der durch die früheren Maßnahmen der Fenstersanierung entseelten Fassade zu beginnen.

TECHNISCHE DATEN

Bauaufgabe: Küchenerweiterung als Frühstücksraum und Verbindungsbau zum tieferliegenden Garten

Größe des Wintergartens: 13 m^2

Konstruktion: Holzständerwerk mit isolierverglaster Fensterausfachung auf gemauertem Bogensockel

Der kleine Trick des über die Ecke gezogenen Wintergartens macht aus der bisherigen, dunklen Nordküche endlich einen beliebten, sonnendurchfluteten Arbeits- und Aufenthaltsraum.

◇

Die Nordfassade mit dem weit überkragenden Holzgesims des Daches als konsequenter Witterungsschutz. Die Fenster lassen sich raumsparend nach außen aufstellen und durch eine Scherensicherung feststellen.

◇

Die Innengestaltung nimmt die traditionellen Wintergartenmotive auf: weißlackierte Holzfenster mit Sprossen in den Oberlichtern, Holzeinbauten und das früher für den Bodenbelag typische Schwarz-Weiß-Fliesenmotiv.

AUFWERTUNG: WINTERGARTEN FÜR EIN HAUS AUS DEN SECHZIGER JAHREN

Architekt: Dipl.-Ing. Theodor Nieland, Naumburg

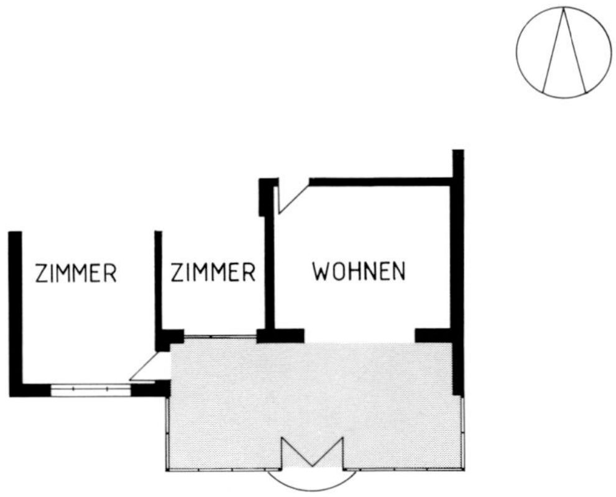

Grundriß Erdgeschoß

Vorher: Die ungeschützte Terrasse des Hauses wurde nur noch selten genutzt, der Wohnraum war etwas beengt geworden. Hier eine Aufnahme während der Montage.

Nachher: Der Anbau des Wintergartens hat das Gebäude optisch wesentlich aufgewertet. Die Wohnqualität ist erheblich gesteigert worden.

Anpassung an das eher schlichte Wohnhaus war eine wichtige Grundlage für die Planung. Für große Architekturträume war hier kein Platz. So konnten aber wenigstens die vorhandenen Proportionen berücksichtigt werden: Für die Neigung des Wintergartens wurde die Dachneigung des Hauses übernommen. Und die Länge des Wintergartens orientiert sich an dem Hausrücksprung des Balkons. Damit eine vertretbare Höhe entstand, umbaute der Architekt die Balkonbrüstung. Die Fassade wurde, ähnlich den klassischen Gewächshäusern, regelmäßig gegliedert. Dies paßt sich dem Baustil an und wirkt materialgerecht.

Zur Klimatisierung des Wintergartens und des Hauses kann die warme Luft unter dem First abgesogen und an die Wärmepumpe weitergegeben werden. Innenlaufende Stoffjalousien mit außenseitiger Metallbeschichtung verhindern eine Überhitzung im Glasanbau. Der Bodenbelag aus geölten Cottofliesen wird als Wärmespeicher genutzt.

TECHNISCHE DATEN

Bauaufgabe: Erweiterung des Wohnraums und optische »Sanierung« des schlichten, zweigeschossigen Wohnhauses

Größe: etwa 30 m^2

Konstruktion: Metallkonstruktion (Aluminiumprofile)

Verglasung: Isolierglas. Geneigte Flächen: 8 mm Kristallglas (außen) und 7 mm Verbund-Sicherheitsglas (innen)

Die ehemalige Terrasse ist zu einem angenehmen Aufenthaltsort unter Glas geworden. Diverse Grünpflanzen rahmen den wohnlichen Eßplatz ein. Die innenlaufenden Stoffjalousien mit außenseitiger Metallbeschichtung sorgen für Beschattung, sind aber auch wichtiger Sichtschutz.

Am Abend wirkt der Wintergarten besonders romantisch. Die Hausbesitzer wünschten sich Großzügigkeit und legten deshalb keinen Wert auf eine Trennung vom Wohnraum (rechts) und Glasanbau.

EIN TURM FÜR DIE SONNE

Architekten: Dipl.-Ing. P. C. Herdel und Norbert Stärz, Darmstadt

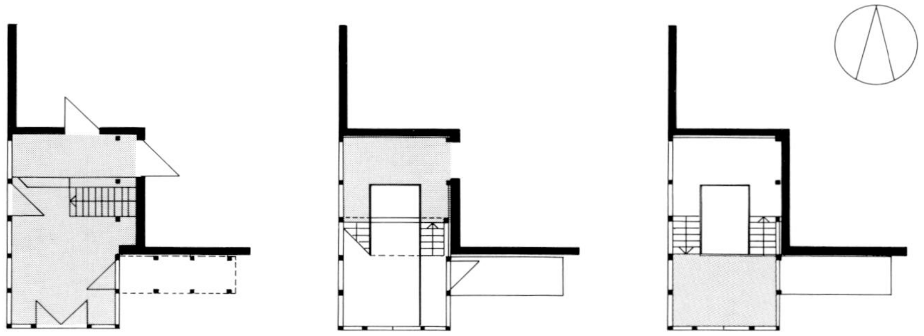

Grundriß Teil-Erdgeschoß 1. Galerie 2. Galerie

Das Problem ist Alltag: Die Doppelhaushälfte aus den fünfziger Jahren liegt in einer engen Bebauung und bietet nicht mehr viel Komfort. Durch nachträglich angebrachte Isolierverglasung und Dämmung konnte zwar der Wärmebedarf reduziert werden, doch die Wohnfläche ist mit 85 m² recht klein und die auf der Südseite gelegene Terrasse bereits am Nachmittag ohne Sonne.
Der Wunsch war nun, durch einen Anbau den Wohnraum zu erweitern und den Komfort zu erhöhen, wobei die Aufenthaltsräume auch von der Abendsonne erreicht werden sollten.
Die Lösung: Ein sich über alle Geschosse erstreckendes, 7,40 Meter hohes Glashaus, das über der Terrasse errichtet wird. Innen wurden vier versetzte Ebenen geschaffen, die untereinander mit Treppen verbunden sind. Zwei dieser Ebenen sind direkt vom Wohnhaus durch die ehemalige Terrassen- und Balkontür zu erreichen. Die einzelnen Plateaus und Trittstufen wurden mit verzinkten Gitterrosten ausgeführt, um eine großzügige Raumhöhe zu erreichen.

Das solare Angebot wird auf verschiedene Weise genutzt: Durch die großflächige Verglasung wird eine große Menge Sonnenenergie passiv eingefangen. Die Höhe des Glasanbaus läßt eine starke Temperaturschichtung entstehen, die den Aufenthalt selbst bei niedriger Durchschnittstemperatur behaglich werden läßt. Die überschüssige Wärme (über dem eingestellten Grenzwert) wird im Giebelbereich angesaugt und über einen Wärmetauscher geleitet. Diese Wärme wird dann an einen Wärmespeicher übertragen, der unter dem Glasanbau angeordnet ist. Außerdem wird in einem selektiv beschichteten Flachkollektor Solarenergie aktiv umgewandelt und in den Speicher eingespeist. Bei Bedarf wird die Wärmeenergie dem Wärmespeicher entnommen und an eine kleine Wärmepumpe abgegeben, die dann für den Temperaturausgleich in den Wohnräumen sorgt. Berechnungen haben ergeben, daß die neue Energieversorgung den Jahresheizenergiebedarf von fast 7500 kWh auf etwa 2700 kWh gesenkt hat. Und dies, obgleich der Wohnraum erweitert worden ist.

TECHNISCHE DATEN

Bauaufgabe: Erweiterung des Wohnbereichs für den Sommer und die Übergangsjahreszeiten mit minimiertem Heizenergiebedarf für das gesamte Gebäude
Größe: Etwa 20 m²
Konstruktion: Holzständerbauweise (mit Leimbindern) mit vorgesetzter Verglasung
Verglasung: Isolierglas mit Verbund-Sicherheitsglas in den geneigten Flächen
Belüftung: Querlüftung durch natürliche Konvektion
Besonderheit: Energiekonzept mit aktiver und passiver Nutzung der Solarenergie

◇

Blick von der Galerieebene in das Solarhaus. Die Gitterroste auf der Galerie und den Stufen sorgen für freie Durchsicht und Belichtung auf allen Ebenen.

◇

Der Solarturm ist über die gesamten Gefache mit von innen eingesetzten Isolierglasscheiben verglast. Die in den Proportionen des Turmes gegliederten, aktiven Solarzellen schaffen den gestalterischen Übergang zur Fassade des Kernhauses.

◇

Die Nachtaufnahme zeigt die Offenheit der drei Galerieebenen und das statische System des Fachwerks.

ZURÜCK ZUR MODERNE – DER WINTERGARTEN ALS KONTRAPUNKT

Architekten: AG Horizont, Hamburg

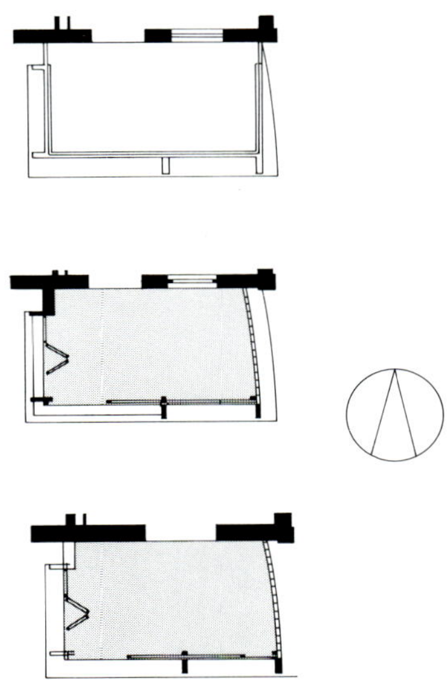

Grundriß Erdgeschoß

1. und 2. Obergeschoß (Terrasse)

Ansicht von Südosten

Die Diskussion ist nicht abgeschlossen, ob die angemessene Lösung für den Umbau eines denkmalgeschützten Hauses die stilgerechte Kopie oder der zeitgemäße Kontrapunkt ist.
Hier haben sich die Architekten bewußt für den Gegensatz entschieden. Auf dem vorhandenen Sockel, der ursprünglich einen Balkon trug, wurde ein zweigeschossiger Wintergarten aufgebaut, der auch als zusätzliche interne Verbindung zwischen den Wohnungen genutzt wird. Den Abschluß bildet eine offene Terrasse. Gegen den Straßenlärm bietet die transparente Glassteinwand ausreichend Schallschutz, und über die Schiebe- und Falttüren läßt sich jede Ebene auch zu einem offenen Balkon nach Südwesten öffnen. Die Oberlichtklappen sorgen für eine ausreichende Permanentlüftung.

TECHNISCHE DATEN

Planungsaufgabe: Anbau eines zweigeschossigen Wintergartens, der auch als interne Wohnungsverbindung dient
Grundfläche je Geschoß: [illegible]7 m²
Konstruktion: Stahlbetondecken auf Stahlstützen mit vorgestellten Stahlprofilen
Besonderheit: Auskragende Betonplatten mit Iso-Korbbewehrung zur Verhinderung von Wärmebrücken

Oben: Die Untersicht. Durch Übernahme von vorhandenen Höhen und von Architekturelementen des Altbaus fügt sich der neue Wintergarten ganz selbstverständlich ein.

Links: Die Formensprache des neuen, zweigeschossigen Wintergartens setzt sich deutlich von der Architektur des Altbaus ab.

Rechts: Die transparente Glassteinwand schirmt gegen den Straßenlärm ab.

UMBAU: ZWEIGESCHOSSIGER PFLANZENTURM FÜR EIN SIEDLUNGSHAUS

Architekten: Mag. Arch. Franco Fonatti und Helmut Hempel, Wien

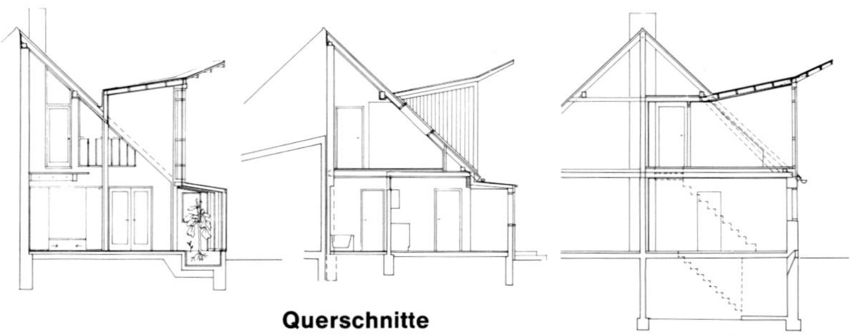

Querschnitte

Südansicht

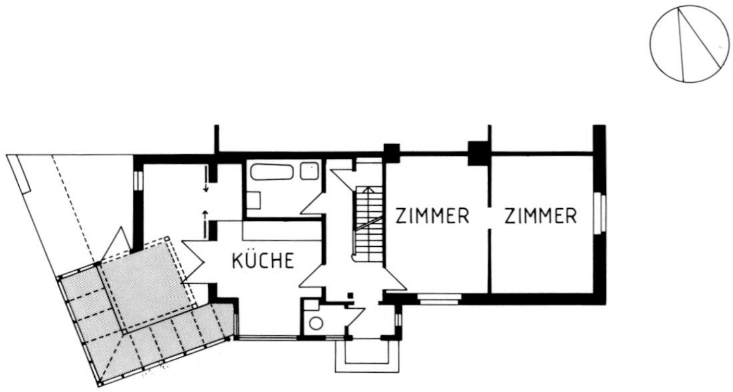

Grundriß Erdgeschoß

Die Aufgabenstellung war nicht gerade leicht, denn neben einem begrenzten Kostenrahmen sollten im Unterschied zu anderen Erweiterungen die vorhandene Architektur und die Materialien erhalten bleiben: die Querschnittsform des Hauses und das Dachdeckungsmaterial Strangfalzziegel.
Es wurden zwei Gauben ins Dach eingesetzt, wobei eine als zweigeschossiger gläserner Holzturm – als Pflanzenhaus – in das Gebäude gestellt wurde. Er verbindet räumlich das Erd- und Obergeschoß, vermittelt Raumhöhe, dient als Raumerweiterung, Galerie, Glashaus und Veranda zugleich.
Nur auf dem Grundriß zu erkennen ist, wie geschickt das Geviert des Glashauses in die Altbausubstanz integriert wurde. Die schräge Anordnung ist bedingt durch die genaue Südausrichtung und erlaubt somit eine ideale Ausnutzung passiver Solarenergie. Ein wichtiger Detailpunkt ist der breite Dachüberstand: seine abgewinkelte Form läßt die Wintersonne in das Glashaus einfallen, aber schattet die hochstehende Sommersonne ab.

TECHNISCHE DATEN

Bauaufgabe: Erweiterung eines Siedlungshauses aus den zwanziger Jahren mit einem zweigeschossigen Pflanzenhaus und einem Dachausbau
Größe des Pflanzenturms: etwa 10 m^2
Konstruktion: Holzriegelkonstruktion auf vier Holzstützen
Verglasung: Zweischeiben-Isolierverglasung
Belüftung: Lüftungsflügel und thermische Umluftzirkulation über das zweigeschossige Glashaus
Sonnenschutz: Auffallend großer Dachüberstand, wobei der Ansteigwinkel so gewählt wurde, daß er im Sommer zur Verschattung dient und im Winter dem niedrigen Sonnenstand entspricht
Bepflanzung: Zitruspflanzen, Feigen, Tomatenbaum

◇

Vorher: Ein bescheidenes Siedlerhaus

◇

Vorne der große, übereck gestellte Wintergarten mit dem aufgesetzten Turmzimmer, das zur Belichtung, Besonnung und zur Gewinnung von mehr Raumhöhe dient.

◇

Nach dem Umbau: Unter weitgehender Erhaltung der alten Bausubstanz ist ein besonders mutiger – und zugleich kostengünstiger – Anbau mit hoher Wohnqualität entstanden.

WINTERGARTEN EINER VILLA – AUSEINANDERSETZUNG MIT DER TRADITION

Architekt: Dipl.-Ing. Klaus Mai, Lübeck

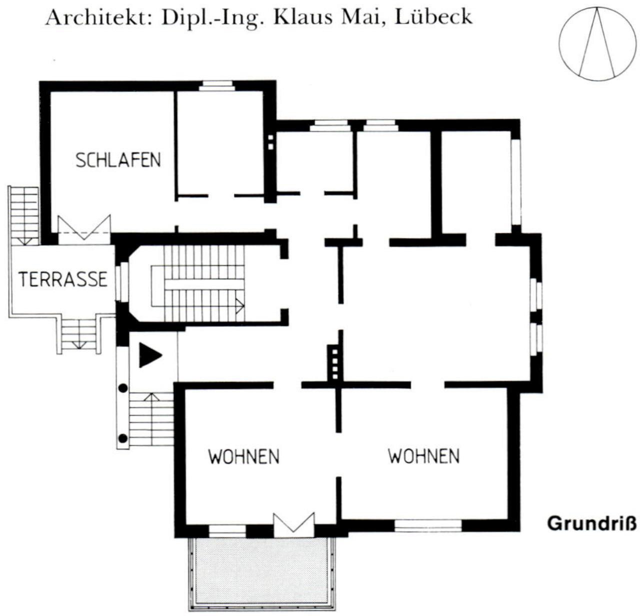

Grundriß Erdgeschoß

Der eingezogene Keil unter dem kleinen Flachdach betont respektvoll die alten Schmuckgesimse.

Der typische Villen-Wintergarten um die Jahrhundertwende war aus Holz, meist weiß gestrichen und mutete immer ein wenig prunkvoll an mit seinen stark profilierten Pfeilern, den kleinteiligen Sprossenfenstern mit geätzten Glasscheiben und den ausladenden Gesimsen unter dem flachen Dach.

Der Neubau dieses filigranen Stahlwintergartens setzt sich bewußt mit dieser Tradition auseinander. Der neue Sokkel, mit den Bogenfeldern zur Belichtung des Kellers, die Fassade und das kleine flache Dach nehmen die vorhandenen Höhen auf und setzen diese ganz selbstverständlich fort. Auch die eingezogenen Sprossen in der Fassade verweisen auf die dahinterliegenden Fenster, nur die Diagonalsprossen geben einen neuen Akzent.

Entstanden ist ein Baukörper, dessen Architektur die wichtigsten Elemente eines traditionellen Wintergartens übernimmt. Gleichzeitig ist er ein Beispiel für gelungene Proportionen an einem denkmalgeschützten Altbau, das durchaus mit seinen zum Teil noch vorhandenen Wintergartennachbarn in der Umgebung konkurrieren kann.

TECHNISCHE DATEN

Planungsaufgabe: Neubau eines Wintergartens an ein Kulturdenkmal
Konstruktion: Selbsttragende Stahlkonstruktion aus Hohlprofilen, verstärkt durch U- und Winkeleisen, verzinkt und hellgrau lackiert
Größe: 11 m^2
Verglasung: Einfachverglasung mit Sicherheitsglas in den Schrägen

Mit wenigen formalen Andeutungen läßt sich qualitätvoll an die Tradition der alten Wintergartenkultur anknüpfen.

MEHR KOMFORT FÜR EIN ALTES HAUS

Architekten: Dipl.-Ing. Burkard Moos und Ursula Rosiny-Moos, Bonn-Beuel

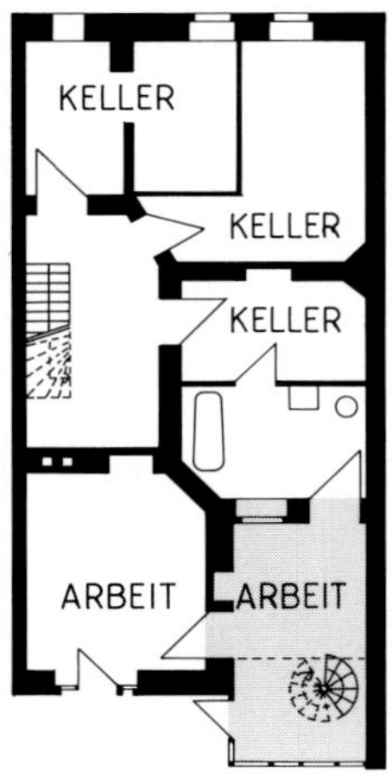

Grundriß Kellergeschoß

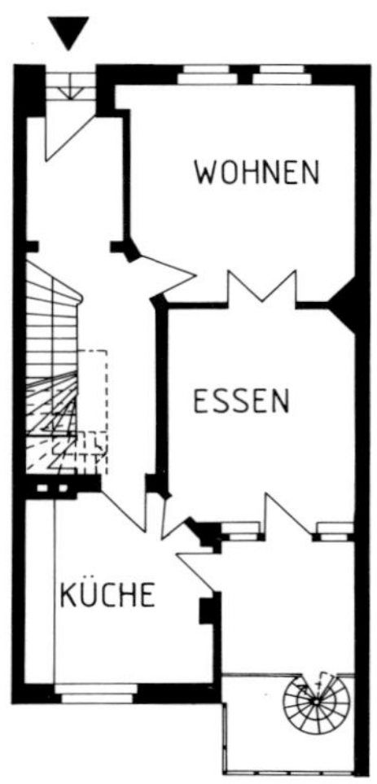

Grundriß Erdgeschoß

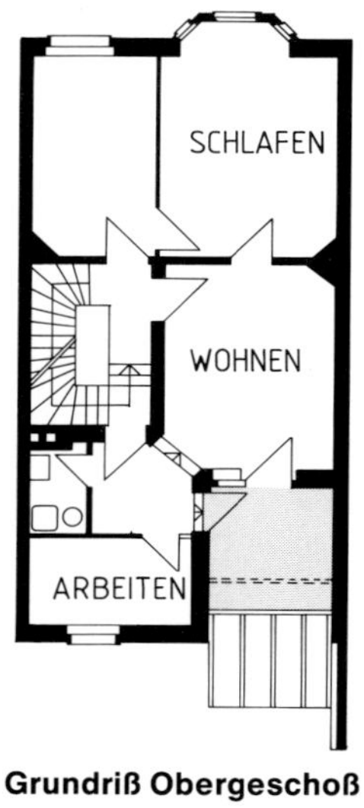

Grundriß Obergeschoß

Was tun mit diesem Altbau? Um die Jahrhundertwende wurde er als dreigeschossiges Einfamilienhaus errichtet. Die beiden oberen Geschosse erlitten Kriegsschäden, wurden aber wieder hergerichtet. Allerdings einfacher. Ohne die Elemente an Fenstern, Türen und Fliesen zu übernehmen, die für den Jugendstil typisch sind. Die beiden Balkone wurden kaum genutzt. Eine Modernisierung wurde erforderlich, um mehr Komfort und mehr Wohnraum zu gewinnen. Es entstanden zwei reizvolle und komfortable Wohnungen:

1. Die Räume im Erdgeschoß und das Kellergeschoß wurden durch eine Spindeltreppe miteinander verbunden. Der ehemalige Balkon und der darunter liegende Freiraum erhielten eine Glashaut. Es entstand ein zweigeschossiger Wintergarten mit Blick ins Grüne des Gartens.
2. Im ersten Obergeschoß wurde ebenfalls der ehemalige Balkon zum Wintergarten umgenutzt.

Die beiden Wohnungen, die mit einem insgesamt dreigeschossigen, nach Süden orientierten Wintergarten ausgestattet sind, werden jetzt nur noch mit der Hälfte des bisherigen Energieaufwandes beheizt.

TECHNISCHE DATEN

Planungsaufgabe: Modernisierung eines dreigeschossigen Einfamilienhauses mit Ausbau der Balkone
Wohnfläche vor dem Umbau: 155 m^2; nach dem Umbau: 238 m^2
Konstruktion: Holzskelettbauweise. Die Schrägverglasung erhält zusätzlich zur Holzkonstruktion Stahlträger (Auflage des Bauamtes)
Material: Kiefer/Leimbinder
Verglasung: Isolierglas mit Drahtspiegelglas in den Schrägen

◇

Der Glasanbau erweitert
den Wohnraum und ermöglicht die
komfortable Erschließung des
Souterrains für die Wohnung
im Erdgeschoß.

◇

Wo jahrzehntelang der
kaum benutzte Kellerausgang
bestand, ist der lichte »Garten-
raum« entstanden. Die grazile
Spindeltreppe führt in den eigent-
lichen Wohnbereich des
Erdgeschosses.

◇

Die beiden Balkone des Erd- und 1. Obergeschosses sind mit einer Glaswand (Isolierglas) geschlossen worden. Das Souterrain erhielt einen Vorbau, um eine Verbindung über die Spindeltreppe zu erzielen.

◇

Der Blick aus dem Erdgeschoß in den Glasanbau mit Zugang zu Garten und Keller: eine attraktive Lösung für einen innerstädtischen Altbau.

WINTERGARTEN
AUS DER JAHRHUNDERTWENDE

Architekten: A.P.B. Architektengruppe Planen & Bauen, Hamburg

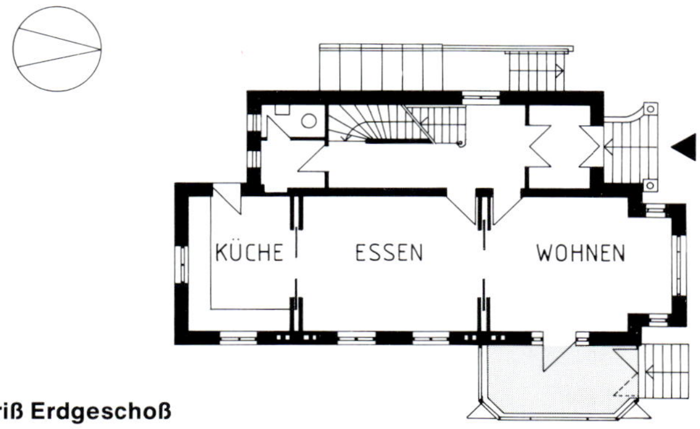

Grundriß Erdgeschoß

Das Foto zeigt das symmetrisch zu einem gegenüberliegenden Torweg angelegte Hausensemble.

Dieser Wintergarten repräsentiert die Hochzeit der Wintergarten-Architektur der Jahrhundertwende. Ursprünglich standen sich zwei symmetrisch angeordnete Häuser gegenüber. Dieses Haus konnte vor dem Abriß bewahrt werden. Das Nachbarhaus mit dem Wintergarten-Pendant wurde zugunsten einer besseren Grundstücksausnutzung abgebrochen.

Mit Fingerspitzengefühl gingen die Architekten an den Umbau im Inneren des Gebäudes und an die stilgerechte Erneuerung der Fassade, deren Schmuckelemente durch ein mutiges Farbkonzept der blaugrauen Holzkonstruktion mit dem roten Unterschlag akzentuiert wurden. Der alte Wintergarten, der in seiner Substanz stark heruntergekommen war, mußte in seiner Holzkonstruktion saniert, das Dach neu gedeckt, nach unten gegen Feuchtigkeit abgesperrt und die zerbrochenen Scheiben erneuert werden. Die farbigen Scheiben wurden durch Kirchenfenstergläser ergänzt. Die großflächigen Scheiben in den Risaliten wurden nach altem Muster neu geätzt. Um den Blick auf den unschönen Ersatzbau auf dem Nachbargrundstück zu kaschieren, wurde das große, mittige Glasfeld blind sandgestrahlt. Und um die Besonderheit dieses Gartenraumes zu erhalten, wurde der alte Holzbodenbelag aufgearbeitet und der Wintergarten stilgerecht mit alten Möbelstücken aus der Zeit eingerichtet.

Neben dem weitgehend modern ausgebauten Haupthaus haben die Architekten durch die Restaurierung des Wintergartens das besondere Flair der legendären Wohnkultur der Jahrhundertwende an der Schwelle zum Jugendstil wieder aufleben lassen.

TECHNISCHE DATEN

Bauaufgabe: Restaurierung des Wintergartens im Zuge des Gesamtumbaues
Größe: ca. 10 m^2
Verglasung: Einfachverglasung mit farbigen Kirchengläsern
Belüftung: Fenster und Türen

◇

Der etwas fremd anmutende Aufriß hatte usprünglich ein spiegelbildliches Gegenüber. Nach dem Abriß des Nachbarhauses blieb dieser schöne Solitär übrig.

◇

Besonders reizvoll ist die Vielfalt der eingesetzten Gläser im Wintergarten: die unterschiedlichen, wohlproportionierten Formate, die Glasstrukturen und die heitere Wirkung der farbigen Kirchenfenstergläser.

◇

Die unsensible Architektur des neuen Nachbarhauses wird angenehm durch die matte Luzidität der gegossenen, geätzten und sandgestrahlten Scheiben verstellt.

◇

Wohnkultur im besten Sinne: Der Weg zu dem Sitzplatz im Vorgarten führt über die einladende Steintreppe mit dem restaurierten, schmiedeeisernen Geländer.

WOHNKULTUR UNTER GLAS

Der Wintergarten auf dem Dach

VIER PROJEKTE

GLÄSERNE TONNE – MEHR LICHT IM DACHGESCHOSS

Architekt: Dipl.-Ing. Heribert Maurer, Braunschweig

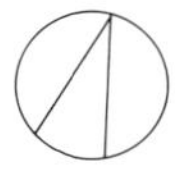

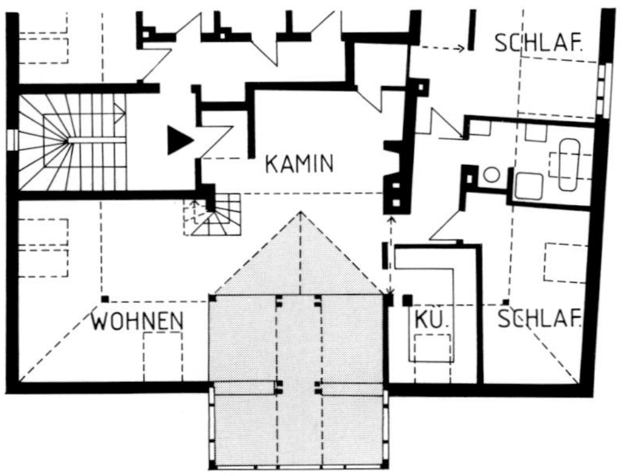

Grundriß Dachgeschoß

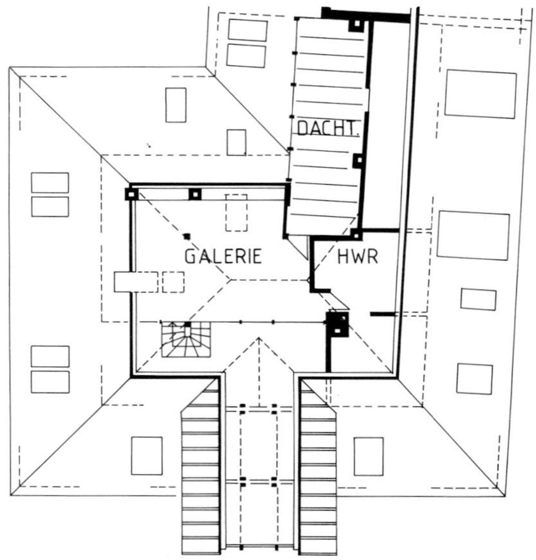

Grundriß Galeriegeschoß

Wenn mehrgeschossige Stadthäuser in Eigentumswohnungen verwandelt werden, muß damit nicht gleichzeitig eine Luxussanierung verbunden sein. Es gelingt, wie dieses Beispiel beweist, auch mit geringeren Aufwendungen eine deutliche Verbesserung des Wohnwertes.

Der Architekt sanierte das Gebäude aus der Jahrhundertwende sehr behutsam. Innen wurden die Leitungen für Wasser, Abwasser und Strom erneuert. Außen ließ er die Fassade gründlich reinigen. Der Vorbau (aus den sechziger Jahren) wurde im Dachgeschoß aufgestockt. Seine formale Ausgestaltung verleiht nun dem Vorbau einen gelungenen Abschluß. Die verwendeten Materialien (Glas, Holz und Zinkblech) heben den transparenten Vorbau optisch von dem alten Gebäude ab. Andererseits wird eine überzeugende Einbindung erreicht, da sich das verwendete Motiv der gläsernen Tonne bereits als Halbkreisbogen im Erdgeschoßfenster befindet.

Das Dachgeschoß, das der Architekt mit seiner Familie großenteils in eigener Regie ausgebaut hat, hat nun den Charakter einer Dachkammer gänzlich verloren: Die Einbeziehung des Spitzbodens als offene Galerie ergibt einen großzügigen Raumeindruck. Außerdem bietet sich aus dieser Höhe der reizvolle Blick über die Stadt.

Der Grundriß ist klar getrennt in Wohn- und Schlafbereich. Die Räume sind zur Sonne orientiert: Schlafräume mit Morgensonne, Hauptwohnraum mit dem Wintergarten als passivem Energielieferanten erhält Sonne von morgens bis abends.

TECHNISCHE DATEN

Bauaufgabe: Sanierung von verglasten Veranden aus den sechziger Jahren und Aufstockung des Vorbaus im Dachgeschoß

Größe des Wintergartenvorbaus: 9 m^2

Konstruktion: Holzkonstruktion; Zinkblechabdeckung mit Stehfalz

Besonderheit: Gläserne Tonne für den Wintergarten aus Stegdoppelplatten auf schichtverleimten Holzbögen

◇

Der sanierte Altbau mit den renovierten Glasveranden und dem aufgesetzten Wintergarten.

◇

Um dem Eßplatz eine besondere Raumqualität zu verleihen, wurde er auf ein erhöhtes Podest mit Fliesen gestellt. Die neue Holzkonstruktion des Dachausbaus wurde sichtbar belassen.

Der neu aufgesetzte Wintergarten mit seinem Unterlicht in der Brüstung und die rechts und links angeordneten Dachflächenfenster unterstreichen die Axialität der Fassade aus der Gründerzeit.

EIN WINTERGARTEN ÜBER DEN DÄCHERN VON HAMBURG

Architekten: Behrend + Schubert, Hamburg

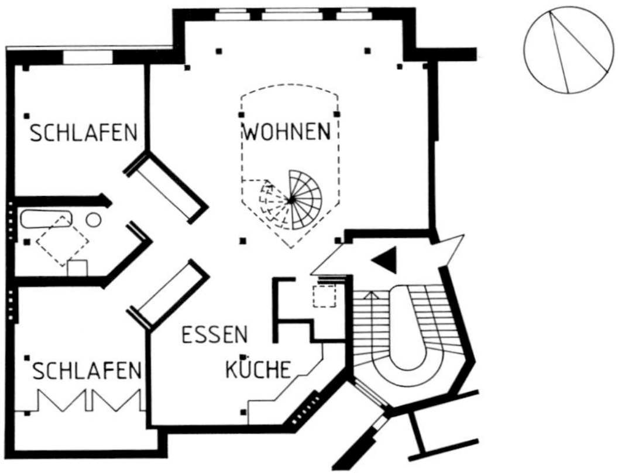

Grundriß Dachgeschoß

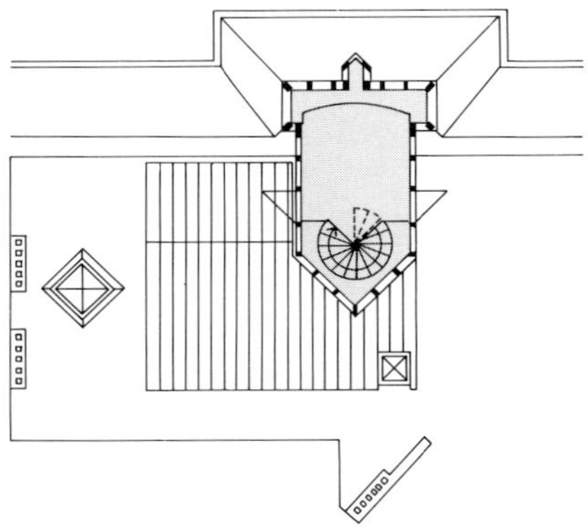

Grundriß Galeriegeschoß

Anlieferung des vormontierten Wintergartens

Attraktive Wohnungen in den Großstädten sind sehr gefragt – aber knapp und teuer. Besonders begehrt sind daher die bisher ungenutzten Dachböden der schönen alten Mietshäuser in den attraktiven Stadtvierteln. Die hohen, hallenartigen Dächer sind geradezu ideal geeignet, die eigenen Wohnvorstellungen phantasievoll umzusetzen. Beim Ausbau dieses Dachgeschosses konnte der Architekt nicht nur einen Wintergarten über der eigentlichen Dachebene durchsetzen, der verbleibende Teil konnte auch noch als geschützter Dachgarten angelegt werden. Von der Straße aus sollte der gläserne Aufbau nicht zu sehen sein, er durfte daher nicht über den hohen Ziergiebel des Hauses hinausreichen.
Entstanden ist ein kleiner, aber besonders attraktiver Galerieraum über den Dächern der Stadt, über den auch in die unteren, nach Norden orientierten Wohnräume das Sonnenlicht gelangt. Im Winter dient das Glashaus vor allem als »Orangerie« für die frostempfindlichen Pflanzen.

TECHNISCHE DATEN

Bauaufgabe: Ausbau eines Dachbodens mit Aussichtsplatz und der Anlage eines kleinen Gartens
Größe des Wintergartens: 11 m^2
Konstruktion: Selbsttragende, verzinkte und einbrennlackierte Stahlkonstruktion mit Aluminium-Abdeckprofilen für die Verglasung
Verglasung: Isolierglas als Verbund-Sicherheitsglas
Besonderheit: Die Wintergartenkonstruktion wurde vormontiert im Ganzen per Autokran auf das 20 Meter hoch gelegene Dach gehoben

◇

Die Großzügigkeit der Terrasse schafft im Zusammenhang mit dem Wintergarten einen wirklichen Gartenersatz.

◇

Der Eßplatz auf der Wintergartengalerie mit dem Ausstieg auf die Dachterrasse

◇

Über die offene Galerieebene des Wintergartens erhält auch der innenliegende Bereich der Dachwohnung Licht und Sonne.

DER SONNE ENTGEGEN

Architekt: Dipl.-Ing. Rolf Leinweber, Berlin

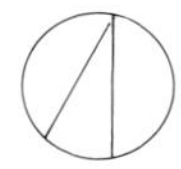

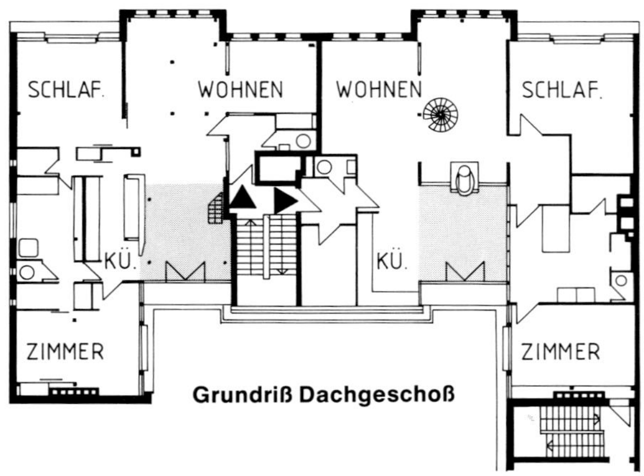

Grundriß Dachgeschoß

Querschnitt

Jahrelang blieb das Dachgeschoß des fünfgeschossigen Mietshauses ungenutzt oder diente als Abstellraum. Schade um diesen wertvollen Wohnraum in Citylage mit einem traumhaften Ausblick. Nach der Übernahme durch zwei befreundete Paare konnte das Dachgeschoß ausgebaut werden. Die Entwurfsidee verwendet zwar ähnliche architektonische Mittel, jedoch sind die Wohnungen (150 und 165 m^2 groß) in ihrer Konzeption verschieden und auf die Wünsche der Bewohner individuell zugeschnitten.

Es war die planerische Vorgabe, daß die Fassade zur Straßenseite erhalten bleiben sollte. Doch öffnen sich die Wohnungen sehr großzügig zum Hof. So erlaubte es das Hauptdach mit einer Firsthöhe von fünf Metern, daß eine Galerieebene eingezogen werden konnte. Davor liegt eine etwa 40 m^2 große Dachterrasse, die gemeinsam genutzt wird. Jedoch das Schönste an dem Dachausbau sind die beiden zweigeschossigen Glasanbauten mit einem schmalen Austritt davor. Sie wurden zum Mittelpunkt des Wohnens. Obgleich die Wintergärten nach Süden ausgerichtet sind, brauchte die geplante Verschattung nicht eingebaut zu werden. Dank der guten Be- und Entlüftung und des günstigen Sonneneinfallwinkels heizt sich die Luft selbst im Sommer nicht zu stark auf. Um die Wärmespeicherfähigkeit in den Wintergärten zu erhöhen, wurden für den Bodenbelag Steingutfliesen auf Estrich verlegt.

Da der Ausbau der beiden Wohnungen gleichzeitig erfolgte, konnte er bedeutend kostengünstiger erstellt werden, als es eine Einzelbaumaßnahme zugelassen hätte.

TECHNISCHE DATEN

Bauaufgabe: Dachausbau eines Berliner Mietshauses von 1908 mit zwei Wintergärten

Größe: Zwei Wintergärten mit je 16 m^2

Konstruktion: Stahl-Alu-Konstruktion, mit thermisch getrennten Profilen. Dachaufbau in zimmermannsmäßigem Aufbau

Besonderheit: Ein Wintergarten mit Pultdach, der andere Wintergarten mit Satteldach

Belüftung: Durch Luftklappen in den senkrechten Wänden und in den Schrägen entsteht ein achtfacher Luftwechsel pro Stunde

Verglasung: Isolierglas mit k-Wert 1,4

Heizung: Fußbodenheizung

Für eine Dachwohnung eher untypisch sind die lichten, hohen Räume, die durch den Aufbau der Wintergärten erreicht wurden.

◇

Bis ins Detail sorgfältig durchgeplant: Das Glashaus, der freistehende, offene Kamin mit dem korrespondierenden Bodenbelag, dazu eine Wendeltreppe und ein Farbkonzept, das die tragenden Elemente der neuen Konstruktion hervorhebt.

GARTENERSATZ – DER WINTERGARTEN AUF DEM DACH

Architekt: Dipl.-Ing. Tom Hüther, Ludwigsburg

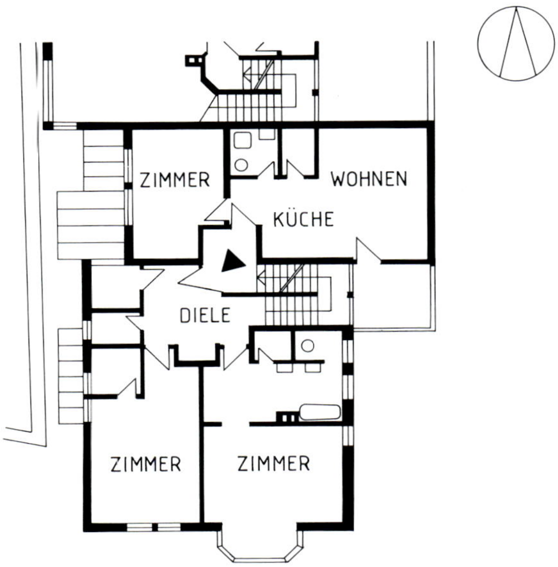

Grundriß Obergeschoß

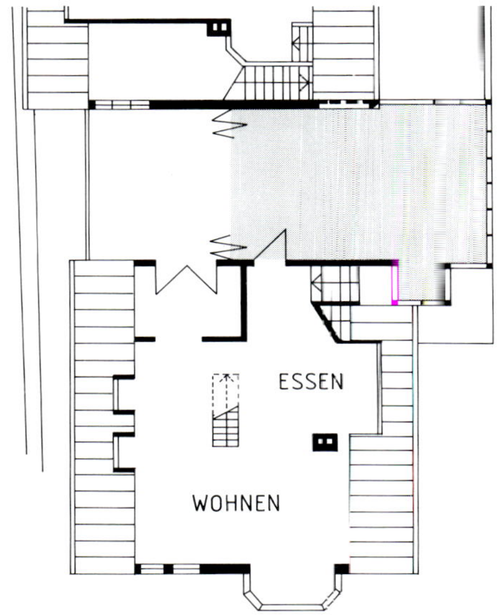

Grundriß Dachgeschoß

Der Wunsch des Bauherrn war, soviel Wohn- und Nutzfläche wie möglich und trotzdem noch eine sonnig-grüne Freifläche für sich selbst zu bekommen.

Ein »normaler« Garten war bei dem 500 m^2-Raumprogramm also nicht möglich. Die Alternative ist nun das zwischen die beiden Häuser gestellte große Glashaus in Höhe des Dachgeschosses. Dank der perfekten technischen Ausstattung und der fast ganztägigen Besonnung ist es Sommer- und Wintergarten zugleich. Da die eigentlichen Wohnräume im Dachgeschoß liegen, bietet der große, helle Raum unter Glas mit seiner üppigen Gartenatmosphäre einen ganz besonderen räumlichen Kontrast, der das typisch Gedrungene einer Dachwohnung gänzlich aufhebt.

TECHNISCHE DATEN

Planungsaufgabe: Überbauung eines 370 m^2 kleinen Grundstücks mit einem Doppelhaus und Garten – auf dem Dach

Größe des Gartens unter Glas: ca. 40 m^2

Konstruktion: Verzinkter Stahlbau mit Aluminium-Verglasungsprofilen

Besonderheit: Gartenambiente mit Pflanzbeeten und automatischer Bewässerungsanlage, Teich, Kiesbelag mit integrierter Warmwasserheizung und klimagesteuerter Sonnenschutzanlage mit Entlüftung über großflächige Dachfenster

◇

Alle nur möglichen Flächen wurden genutzt, um den 40 m^2 großen Garten unter Glas zu ermöglichen.

◇

Die Liebe zu Pflanzen und Garten ist groß: Auch ein Teich mit Bambus, Zypergras und Efeu durfte nicht fehlen.

Zwischen den beiden Satteldächern liegt der technisch perfekt ausgestattete Wintergarten: mit großzügig angelegten Pflanzbeeten, die automatisch bewässert werden, mit Kies und Holzrosten als Bodenbelag, Zahnstangenmechanik für die Lüftungsflügel und einem klimagesteuerten Sonnenschutz.

◇

Perfektes Zusammenspiel von weit zu öffnenden Lüftungsflügeln und automatisch steuerbarem Sonnenschutz: Ergebnis aus den Erfahrungen des Gewächshausbaus.

◇

Der Durchblick vom Eßplatz im Dachgeschoß in den Wintergarten. Links: das ganz zu öffnende Falttürelement zur offenen Terrasse

WOHNKULTUR UNTER GLAS

Der Wintergarten im Neubau

ZWEIUNDZWANZIG PROJEKTE

IM ZENTRUM STEHT DER WINTERGARTEN

Architekt: Dipl.-Ing. Horst Herbert Parson, Innsbruck

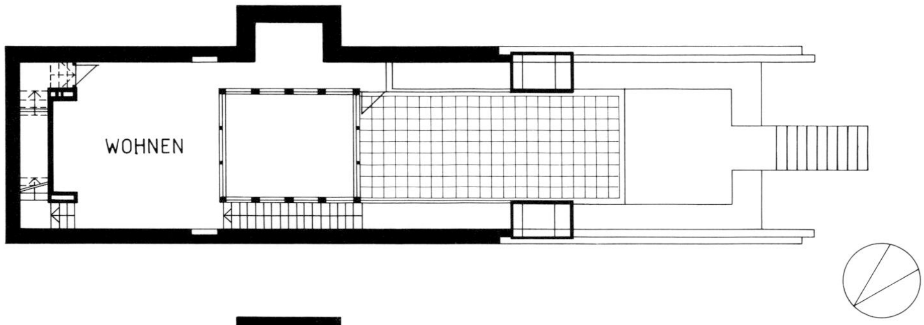

Grundriß Obergeschoß

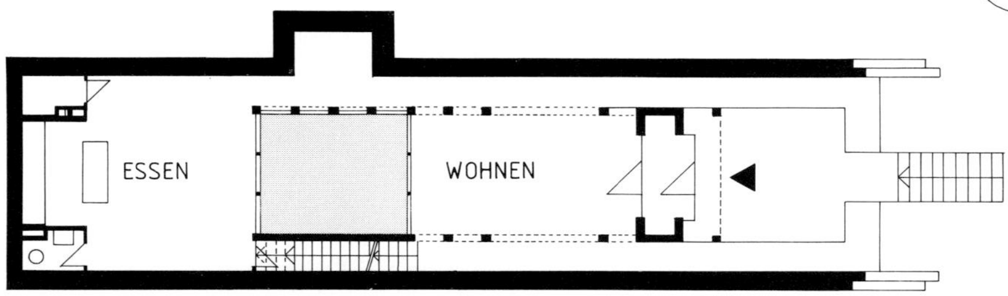

Grundriß Erdgeschoß

Der Architekt nennt das Projekt »Haus im Hang«. Tatsächlich verbirgt sich ein Großteil der Baumasse eingeschnitten unter der Erde. Die Wohnräume sind nicht direkt zur umgebenden Landschaft, sondern zur Hausmitte hin orientiert, zu einem hohen, über drei Geschosse reichenden Wintergarten. Er bringt das Licht und die Sonne in die Räume und stellt die Verbindung zur Natur her: im Haus zur Bepflanzung des Wintergartens, an der ständig freudig experimentiert wird, nach außen auf das weite Flußtal über einen gleichsam gelenkten Blick, der auch durch Nachbarn nicht behindert werden kann.

Im Winter dient das nach Südwesten orientierte Glashaus als wirkungsvoller Sonnenkollektor – der gesamte Energieverbrauch ist nur halb so hoch wie bei einem konventionellen Wohnhaus –, im Sommer ist es ein zusätzlicher Raum und geschützter Gartenhof.

TECHNISCHE DATEN

Bauaufgabe: Wohnhaus mit Atelier an einem steilen Hanggrundstück
Besonderheit: Die Wohnräume des Hauses liegen unter der Erde
Wohnfläche ca. 150 m^2 und ca. 15 m^2 Wintergarten. Umbauter Raum ca. 850 m^3 und 200 m^3 Glashaus
Konstruktion des Glashauses: Leichte, selbsttragende Stahlkonstruktion
Verglasung: Einfachglas im Wintergarten (Sonnenkollektor), im Tonnendach Plexiglas, alle anderen Fenster sind isolierverglast

◇

Die Westfassade des »Hauses im Hang« öffnet sich tempelartig in strenger Symmetrie zum Tal.

◇

Blick zu den offenen Arkaden im Obergeschoß

◇

Über den großzügigen Eingangsbereich gelangt man in das Zentrum des Hauses, in den steil aufragenden Wintergarten.

◇

Zu Seite 127: Vor Einblicken geschützt, versteckt sich die Hauptbaumasse des Hauses im Hang.

MITTELPUNKT DES HAUSES – EIN GLÄSERNES ATRIUM

Architekt: Dipl.-Ing. Fred Möllring, Planungsbüro LOG ID

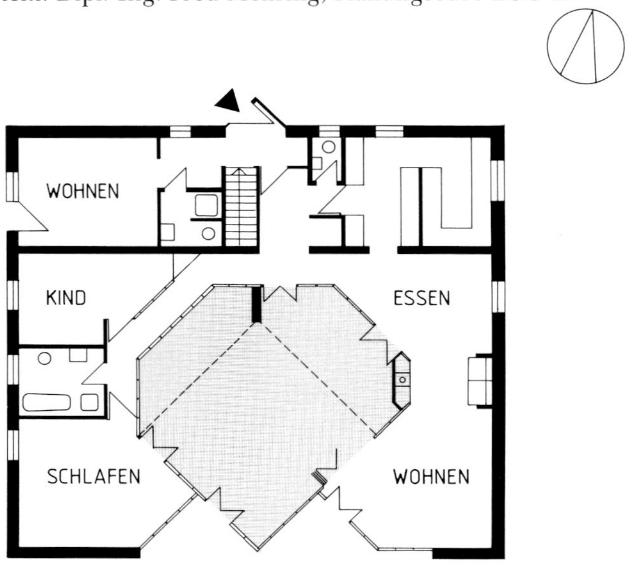

Grundriß Erdgeschoß

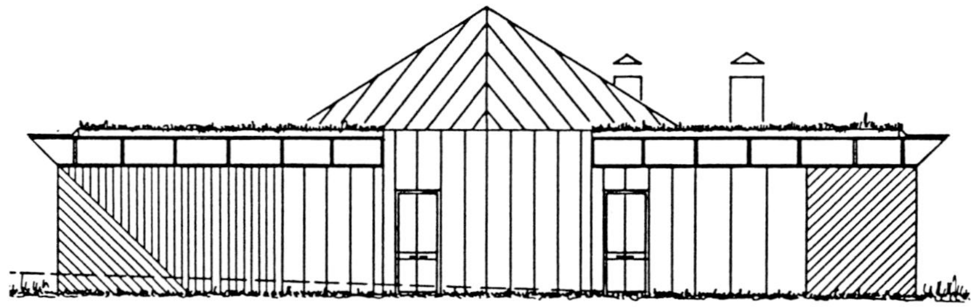
Südansicht o. M.

Der große Wintergarten ist sozusagen die Keimzelle der Grünen Solararchitektur und auch dieses Einfamilienhauses. Hier dominieren die subtropischen Pflanzen. Der Duft von Akazien, Duftjasmin, Feigen, Japanischer Wollmispel und Zitrusgewächsen erfüllt das ganze Haus. Die Türen zum Wohn- und Schlafraum wie auch zur Diele sind meist geöffnet. So entsteht eine optische Verbindung zwischen Wohnräumen und Pflanzenhaus, das geschickt in das Gebäudeinnere integriert wurde. Dank der zahlreichen Pflanzen entwickelt sich in dem überdachten, gut 50 m^2 großen Atrium ein erfrischendes Reizklima, das viel Sauerstoff enthält. Der Wintergarten ersetzt den Bewohnern sowohl den üblichen Wohnraum als auch den Platz im Garten. Nur an sehr heißen Tagen wird die Terrasse draußen benutzt.

Das Haus wurde mit einer hinterlüfteten Holzfassade ausgestattet. Der Wintergarten erhielt eine feuerverzinkte Stahlkonstruktion. Für die Entlüftung sorgt die gläserne Pyramide, die sich manuell oder automatisch öffnet. Sie überragt das Dach um gut zwei Meter. Aus ökologischen Gründen (das Haus liegt in einer Flugschneise) erhielt das Dach eine Begrünung. Das sieht nicht nur besser aus als Kies, sondern isoliert die Wohnräume auch besser.

TECHNISCHE DATEN

Bauaufgabe: Neubau eines Einfamilienhauses mit einem zentral gelegenen Wintergarten

Größe: 146 m^2 (Kernhaus mit Einliegerwohnung); 55 m^2 (Wintergarten). Umbauter Raum: ca. 800 m^3 und 220 m^3 Glashaus

Konstruktion: Feuerverzinkte Stahlkonstruktion

Besonderheit: Für die Glashauspyramide wurde eine Sondergenehmigung erteilt, da der Bebauungsplan nur Flachdächer zuläßt.

Verglasung: Isolierglas

◇

Der Blick vom Garten auf den Wintergarten mit geöffneten Fenstern und Türen. Links liegt der Schlafraum, rechts vom gläsernen Atrium der Wohnraum.

Der Sitzplatz im gut 50 m^2 großen Innengarten ist ein Platz für alle Tage und jedes Wetter. Die subtropische Flora sorgt für eine angenehme, sauerstoffreiche Luft und eine ganz natürliche Beschattung.

Wie eine Blüte öffnen sich die Klappen der Glaspyramide, wenn es im Glashaus zu warm wird. Nicht nur reizvoll, sondern auch ein effektiver Kälte- und Wärmeschutz: das Grasdach.

Der Schlafraum hat einen direkten Zugang zu dem romantischen Garten unter Glas mit Feigen (vorn), Akazien und Eukalyptus. Die Pflanzen werden automatisch über einen Regenwasserspeicher bewässert.

ARCHITEKTUR AUCH FÜR SONNENKOLLEKTOREN

Architekt: Dipl.-Ing. Wolf-Eckart Lüps, Utting

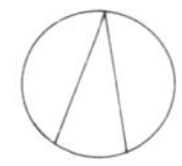

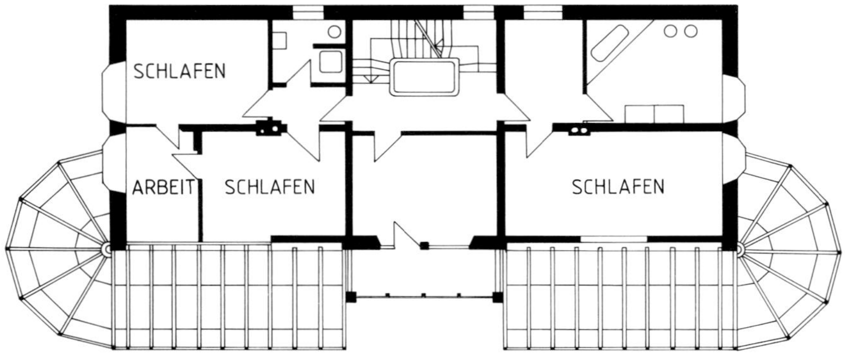

Grundriß Obergeschoß

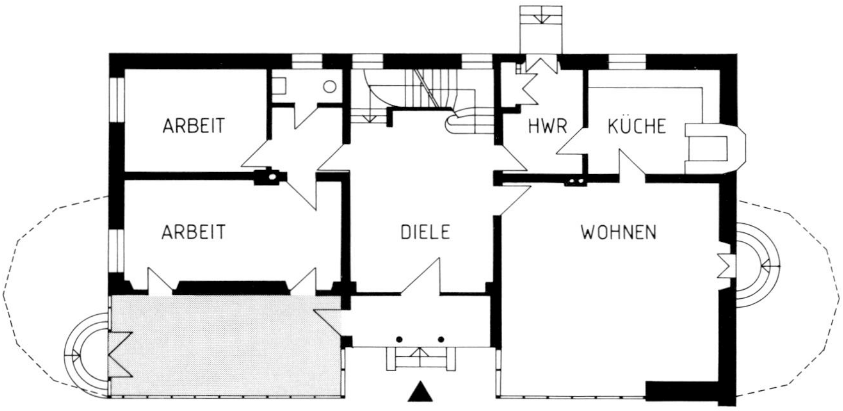

Grundriß Erdgeschoß

Sie sind wirklich eine Alternative zur Energiegewinnung, meist aber stehen sie staksig auf den Dächern schöner alter Häuser oder auf den Garagen der Neubauten in den Wohnsiedlungen: die schwarzen Sonnenkollektoren, auf deren architektonische Einbindung zugunsten des Umweltbeitrages meist verzichtet wird.

Wichtiges Entwurfsziel war bei diesem Haus daher, die Nutzung der Solarenergie und ihrer Bausteine in die architektonische Gestaltung einzubeziehen. Die Glaskörper, die das Haus flügelartig einfassen, übernehmen dabei ganz unterschiedliche Funktionen. In der Dachfläche des rechten Vorbaus liegen die Flüssigkeitskollektoren für die Warmwasserbereitung, die Unterseite ist zum Raum hin gedämmt und schafft so eine geborgene Atmosphäre. Der linke Glaskörper wird als Wintergarten und Pflanzenhaus genutzt, zusätzlich kann die überschüssige Wärme über Lüftungsflügel dem Obergeschoß zugeführt werden. Rechts und links des Hauses öffnen sich die halbkreisförmigen Vorbauten zu offenen Freisitzen.

Den bei dieser Südlage nötigen Sonnenschutz bildet ein Schiebeladen vor dem Wohnraum, der Wintergarten wird ausreichend durch die Bäume im Vorgarten verschattet.

TECHNISCHE DATEN

Bauaufgabe: Wohnhaus mit Wintergarten und integrierter solarer Energieversorgung

Energiekonzept: Nutzung der Sonnenenergie über Flüssigkeitskollektoren und Speichermassen im Wintergarten

Größe des Wintergartens: 22 m^2

Konstruktion: Selbsttragende Stahlrohrprofile mit thermischer Trennung in der Verglasungsebene

Verglasung: Normale Isolierverglasung

Besonderheit: Die architektonische Lösung zur Unterbringung der Sonnenkollektoren

Die Gesamtanlage von Westen. Unter dem Glasdach liegt die geschützte Terrasse mit Zugang vom Wintergarten.

Die Südfassade. Flügelartig umschließen die Wintergärten das Haus, das fast schwebend aus dem Boden herauswächst.

ZWEIGESCHOSSIGER WINTERGARTEN ALS ZENTRALER WOHNRAUM

Architekten: Dipl.-Ing. Ulrich Spyra,
Helmut Wolff, Stefan-Andreas Zech, Hamburg

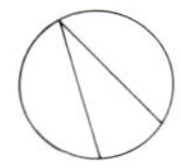

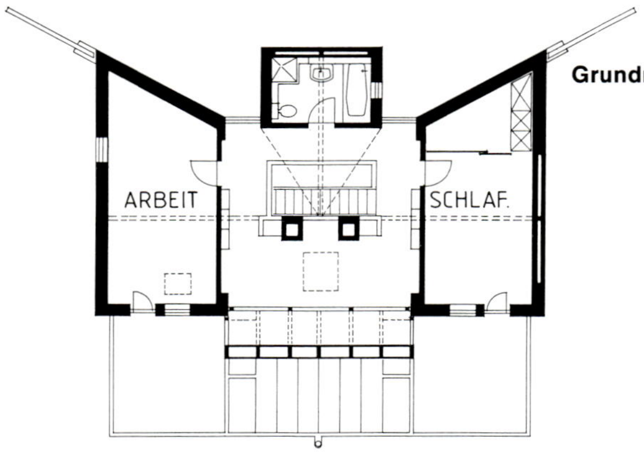

Grundriß Obergeschoß

Vier Präsentationszeichnungen

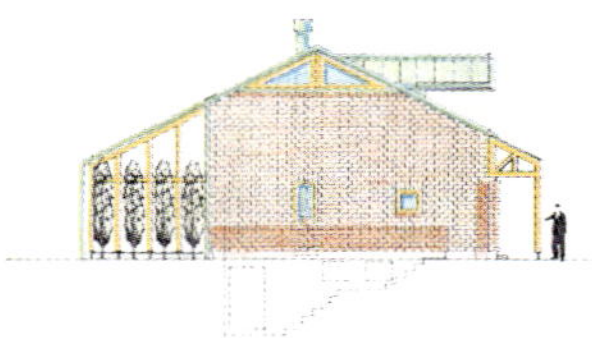

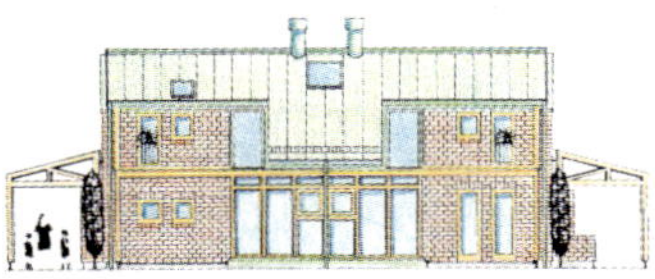

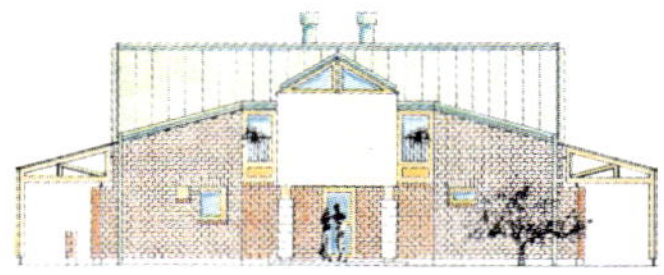

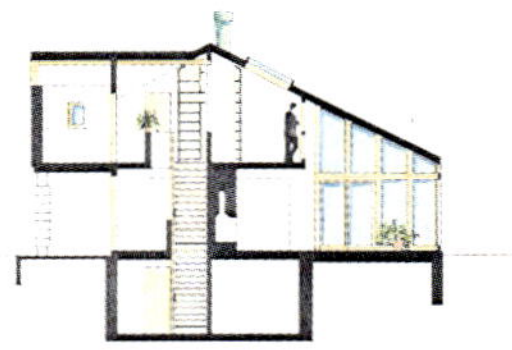

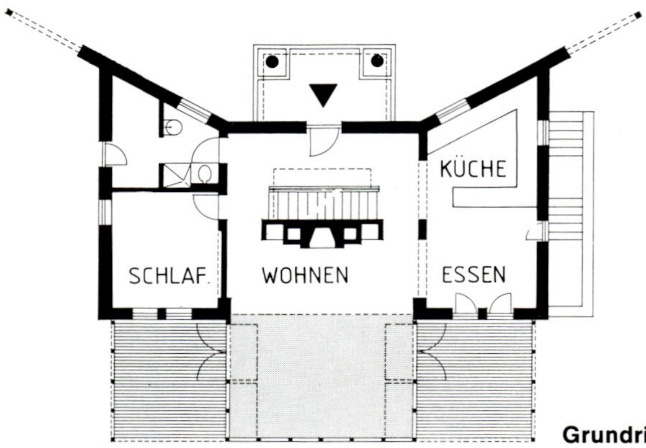

Grundriß Erdgeschoß

Dem klaren Entwurf für dieses Haus lagen Grundgedanken von Friedrich Ostendorf (1913) zugrunde: 1. Entwerfen heißt, die einfachste Erscheinungsform für ein Bauprogramm zu finden. 2. Das Ziel der Architektur ist es, eine räumliche Anschauung zu ermöglichen – und nicht nur vorrangig bestimmten Zwecken zu dienen. Und so wurden diese Gedanken in diesem Projekt umgesetzt: Zur Raumordnung wurde ein zentraler Raum gewählt, der das Haus gliedert, und zwar vom Eingangsbereich bis zum Garten, vom Erdgeschoß bis ins Dachgeschoß. Er enthält im Zentrum die Treppe und den offenen Kamin, zur Straße den Eingang, zum Garten den Wintergarten und im Obergeschoß die Empore mit einer Brücke. Das Haus formt mit den Linien seines Baukörpers Räume von verschiedener Qualität. Raumgreifende, konvexe Linien im Eingangsbereich, der quergelagerte Baukörper, der den Wintergarten, die Terrassen und den Garten erst nach Durchschreiten als Überraschung präsentiert.

Als weiteres Gestaltungsmerkmal wurde die Symmetrie gewählt, die dem Entwurf für dieses Einfamilienhaus Ruhe verleiht. Der zentrale Wohnraum wird von den Nebenräumen, auf der einen Seite Küche mit Eßplatz, auf der anderen Seite Schlafraum mit Bad, gefaßt. Und der zweigeschossige Wintergarten öffnet das Haus zentral zum Garten und wird seitlich von offenen Sonnenterrassen eingerahmt.

TECHNISCHE DATEN

Bauaufgabe: Einfamilienhaus für drei Personen mit einem großen Gemeinschaftsbereich, der das Haus horizontal und vertikal durchdringt
Größe: 21 m^2
Konstruktion: Leimholzkonstruktion
Verglasung: Isolierglas auf 2 × 4 mm Spiegelglas; in den geneigten Flächen 6 mm (oben) und 6 mm Verbundglas
Belüftung: Doppelte Querlüftung durch Fenster und gegenüberliegende Terrassentüren und über die Empore zu den Fenstern im Obergeschoß
Sonnenschutz: Raffstores (Kunststoff), die innen an Drähten geführt werden, und schräg laufende Markisen über den seitlichen Freiluft-Terrassen

◇

Der Ausgang auf die dem Eßraum vorgelagerte Holzterrasse: Sonnen-, Blend- und Blickschutz schafft der umlaufende, leichte Vorhang.

◇

Die Gartenseite des Hauses wird von der dreiteiligen Holzkonstruktion bestimmt: den beiden für die Berankung vorgesehenen Veranden und dem mittigen Wintergarten.

BLICKPUNKT WINTERGARTEN

Architekten: Fink, Martin und Partner AG, Schwyz

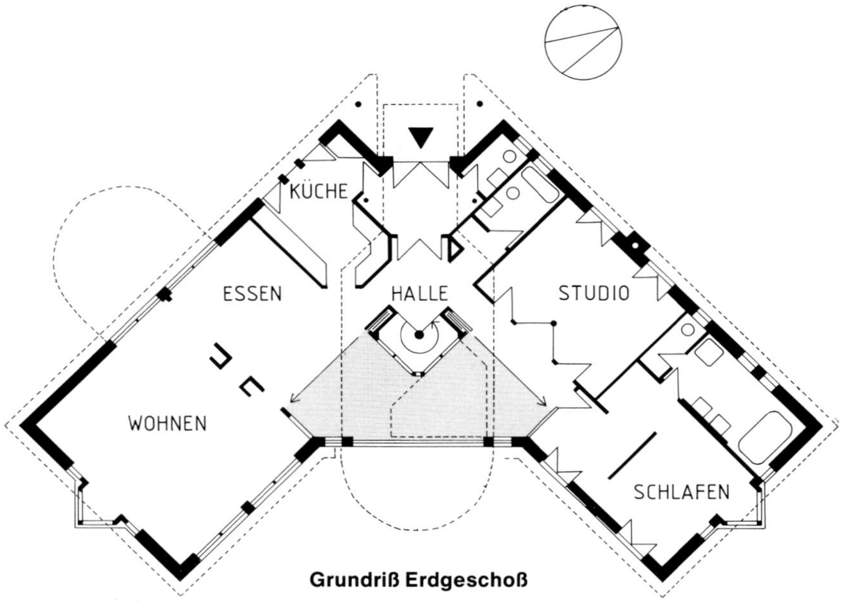

Grundriß Erdgeschoß

Peter Behrens, der große Expressionist, hat zwar nicht Pate gestanden, aber sein Gedanke des »umbauten Lichts« steht im Mittelpunkt des Entwurfes: der Wintergarten ist das Herzstück, die Drehscheibe des Hauses.
Und da die Bauten hier am See nur eingeschossig sein dürfen, erfüllt er auch noch einen weiteren Zweck: die eingezogene offene Galerie aus Stahlrosten gilt nicht als Geschoß, sie ist »Luftraum«, aber der bietet den schönsten Platz des Hauses. Von hier aus ist auch die große Sonnenterrasse mit dem unvergleichlichen Blick zu erreichen. Und da der zum See orientierte Baukörper die Terrassen im Erd- und Obergeschoß nur verschatten würde, scheint die Sonne eben durch das Glashaus hindurch. Auch der Boden des Freisitzes ist transparent, Glassteine sorgen gleichfalls auf der unteren Ebene für Licht und Sonne.
Betritt man das Haus, geführt durch die Garagenbauten, wird der Blick wie durch eine Linse über den Wintergarten auf den See gelenkt. Große, eingelassene Pflanzbeete bieten Gartenatmosphäre.
Der hohe, bis zum Dach reichende Glasbau ist vom Kernhaus bei Bedarf vollständig abtrennbar, die gewonnene solare Energie kann durch Öffnen der eingelassenen Türelemente dem Haus zugeführt werden und verbessert die Energiebilanz.

TECHNISCHE DATEN

Entwurfskonzept: Eingeschossiges Wohnhaus mit zweigeschossigem Wintergarten, der das »Licht umbaut«
Konstruktion: Hohlstahlprofile als Trägerelemente mit türkisfarbenen, einbrennlackierten Aluminium-Fensterprofilen
Verglasung: Farbneutrales Wärmeschutzglas und Sonnenschutzglas für die Dachflächen
Sonnenschutz: Raffvorhänge mit Sonnenschutzstoff und Lamellenstores mit Sensorsteuerung
Belüftung: Elektrische Steuerung der Lüftungsflügel in Dach und Fassade über Licht- und Regensensoren

◇

Zur Straße zeigt sich das Haus verschlossen. Durch den abschirmenden Garagenbau führt der »Torweg« zum Eingang.

◇

Ist der Torbau durchschritten, läßt sich durch das Glashaus hindurch schon der See erahnen.

◇

Die Aussichtsplattform im Obergeschoß des Wintergartens – ein meditativer Raum vor der Großartigkeit der Naturkulisse

◇

Obere und untere Terrasse erhalten ihr Sonnenlicht durch das Glashaus hindurch. Vorrang bei der Grundrißlösung hatte der herrliche Blick auf den See.

EIN HAUS MIT WINTERGARTEN TANZT AUS DER REIHE

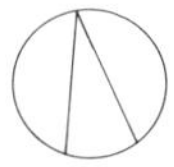

Architekt: Dipl.-Ing. Stephan Philipp, München

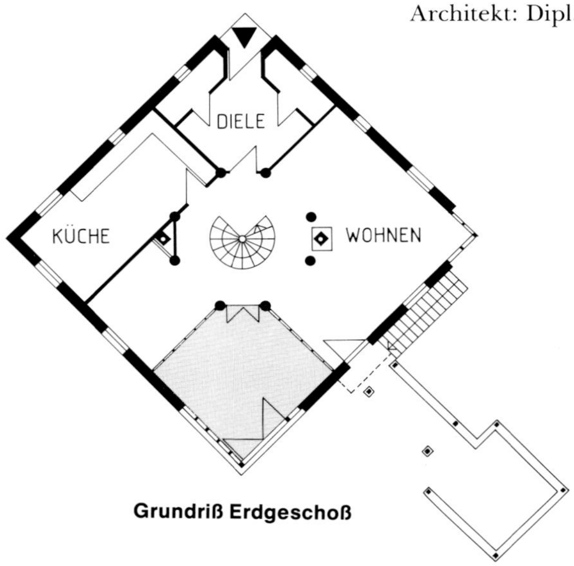

Grundriß Erdgeschoß

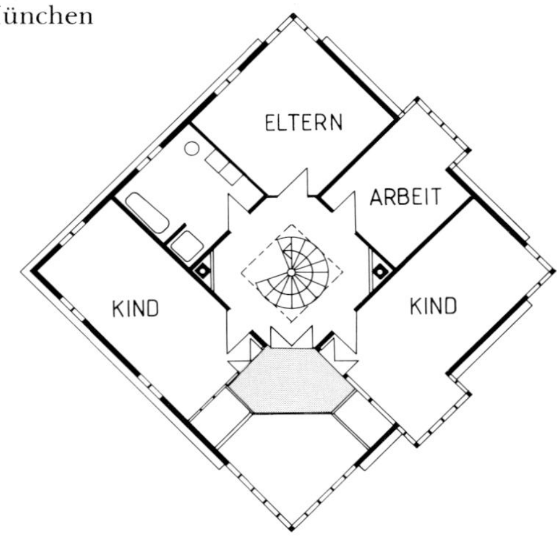

Grundriß Obergeschoß

Ein Modell veranschaulicht oftmals besser als ein Plan, wie sich das Gebäude in das Grundstück einfügt. Hier die Ansicht des Hauses von Osten

Wie ein Schneepflug ragt das Haus aus dem Hanggrundstück. Doch das Einfamilienhaus wurde nicht deshalb diagonal plaziert, um es aus der Reihe der Nachbarhäuser tanzen zu lassen. Vielmehr standen konzeptionelle Gedanken im Vordergrund.

Durch die diagonale Lage kann das »handtuchschmale« Grundstück besser genutzt werden. Und die dicht bebaute Umgebung wird weniger intensiv wahrgenommen.

Als Hausform wurde die eines Würfels zugrundegelegt, weil er die geringste Oberfläche im Verhältnis zum Volumen aufweist und damit die besten Voraussetzungen für ein gutes Energiekonzept bietet. Zur Südseite wurde der »Würfel« mit einem zweigeschossigen Wintergarten ausgestattet. Seine Wärmeenergie kommt vielen Räumen zugute: Küche, Gästezimmer und alle Wohnräume im Dachgeschoß sind mit dem Wintergarten verbunden. Zusätzlich erhalten die Räume im Dachgeschoß – auch auf der sonnenabgewandten Seite – durch die zentrale Glaskuppel viel Helligkeit. Im Sommer wird das Glashaus von den Laubbäumen und dem weiten Überstand des geschlossenen Daches beschattet. Im Winter dagegen scheint die tiefstehende Sonne weit ins Haus hinein.

Entlüftet wird der Wintergarten durch aufschiebbare Oberlichter in der zentral gelegenen Diele, von der überschüssige Warmluft durch eine Klappe in der Glaskuppel entweichen kann.

TECHNISCHE DATEN

Bauaufgabe: Einfamilienhaus mit Wintergarten auf schmalem Hanggrundstück unter weitgehender Verwendung natürlicher Materialien

Größe: Innerhalb des quadratischen Grundrisses (11,24 m × 11,24 m) des Wohnhauses liegt der ca. 17 m^2 große Wintergarten

Konstruktion: Holzskelettbauweise

Besonderheit: Ein ganzheitlicher Entwurf, dessen Formensprache auch auf die Nebengebäude, die Doppelgarage und den Pavillon übertragen wurde

Verglasung: Zweischeiben-Isolierglas (außen), Einfachglas (innen)

◇

Über Klappflügel wird der Wintergarten, der vom Wohnraum durch eine Wand abgetrennt ist, entlüftet. Die Holzkonstruktion hebt sich deutlich von den Hauswänden ab.

◇

Der Blick von außen in den Wintergarten mit dem Sitzplatz in der ersten Etage. Das Haus ist transparent gebaut, ohne zuviel Einblick zu gewähren.

Hier wird die ganzheitliche Architektur deutlich. Wohnhaus und überdachter Sitzplatz sind wie aus einem Guß: in leichter Holzskelettkonstruktion und mit einem eleganten Ziegeldach.

LÄRMSCHUTZ – NATUR UNTER GLAS

Architekt: Prof. Dipl.-Ing. Rainer Hascher, Berlin

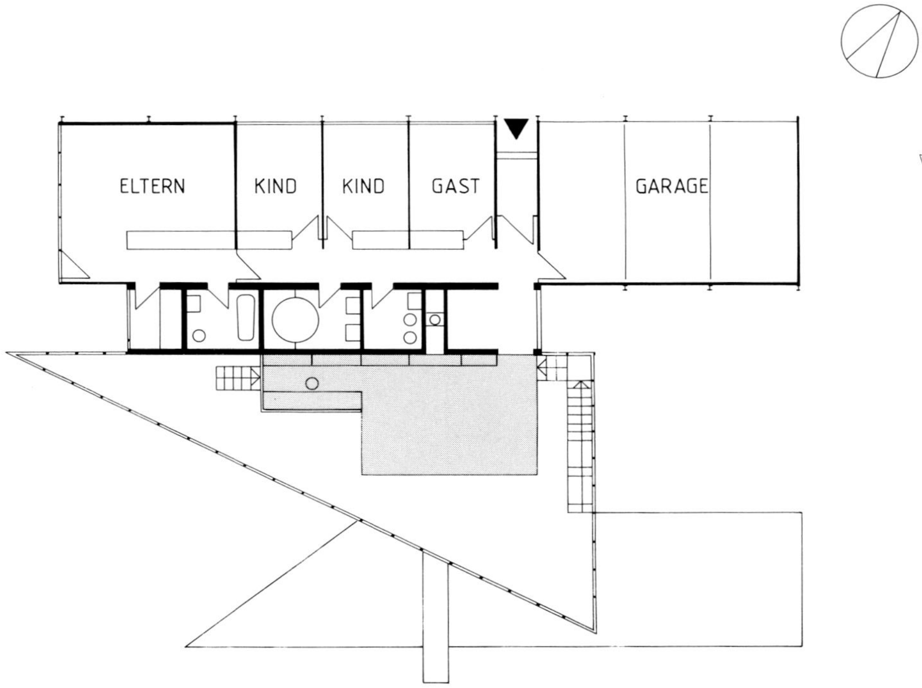

Grundriß Erdgeschoß

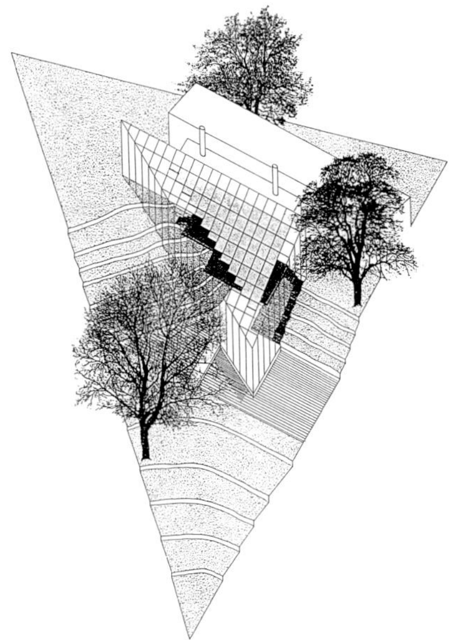

Isometrie

Das Haus liegt auf einem dreieckigen Hanggrundstück mit einer sehr schönen Aussicht auf den Schwarzwald. Bei ungünstigen Windverhältnissen aber wird der Aufenthalt im Freien durch den Lärm der 350 Meter entfernten Autobahn beeinträchtigt.
Grundgedanke des Entwurfes war es daher, den Garten in den Wohnbereich zu integrieren und ihn über beide Geschosse in seiner natürlichen Geländeformation in das Haus einfließen zu lassen. Über den Wohnbereich, der an der Südspitze über einen künstlich angelegten See auskragt, stülpt sich eine transparente Glocke, die gegen den Lärm abschirmt, gleichzeitig aber die Natur einbindet und das Sehen und Erleben von Sonne, Wind und Wetter auch im Inneren möglich macht.
Das Energiekonzept: Die lange Wand des gläsernen Dreiecks ist genau nach Süden orientiert und wirkt als natürliche Kollektorfläche. Als Speichermassen dienen die Stahlbetondecken der Wohngalerie sowie der in der Hausmitte liegende Stahlbeton-Installationskern.
Um eine Überhitzung des Glaskörpers zu verhindern, ist die Dachfläche größtenteils mit gedämmten Alupaneelen ausgefacht.
Lüftungsflügel, die unten über die gesamte Länge der Südfassade und oben ebenso am Giebel angeordnet sind, sorgen dafür, daß der Raum ständig von der über dem Teich kühl aufsteigenden Luft durchflutet wird.
Ein innenliegender, bedampfter Store dient als Reflektor gegen direkte Sonneneinstrahlung und verhindert eine zu starke Wärmeabstrahlung während der Nacht. Die Nordfassade dagegen wurde bis auf schmale Fensterbänder konsequent geschlossen und gedämmt.

TECHNISCHE DATEN

Bauaufgabe: Wohnhaus am Hang. Glashaus als Sonnenkollektor, Pflanzenhaus und Lärmschutz
Besonderheit: Die Aluminium-Stahlkonstruktion im Glashaus; um einen schlanken Querschnitt der Stiele und Dachträger zu erreichen (50 mm), wurde das Aluminiumprofil mit einem inneren feuerverzinkten Stahlrohr über Kunststoffabstandhalter (gegen Kontaktkorrosion) so verschraubt, daß eine Verbundtragwirkung beider Profile entsteht

◇

Die scharfe Ecke des Glashauses scheint den Hang einschneiden zu wollen.

Hinter Glas: die Pflanzen- und Tierwelt des raumhohen Aquariums

Das Glashaus folgt mit seinen stufenförmig angelegten Pflanzbeeten dem natürlichen Hangverlauf.

◇

Die offene Westfassade
mit dem angelehnten, großen
Glashaus

◇

Der künstliche Teich:
Ruhepol für das Auge. Abends
steigt von hier die kühle Luft
auf und durchzieht frisch
das Haus.

TRANSPARENZ, DIE VERBINDET

Architekten: Brandl + Wolfrum, Nürnberg

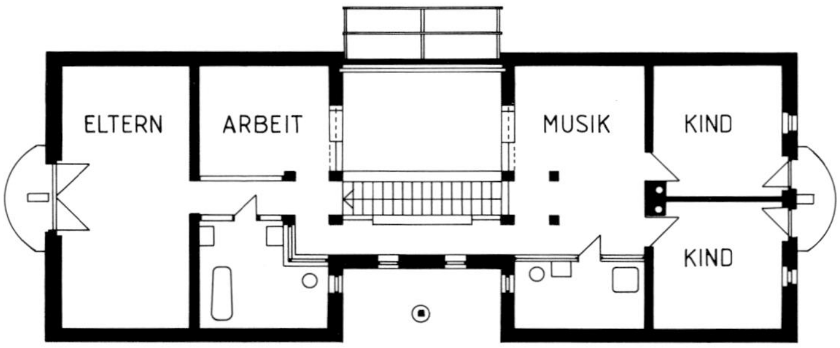

Grundriß Obergeschoß

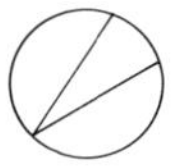

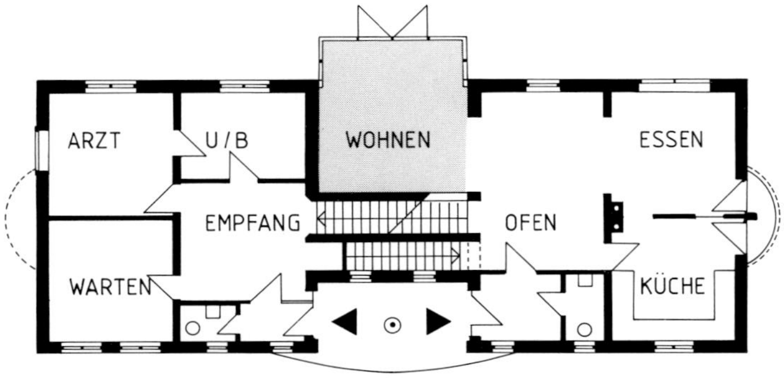

Grundriß Erdgeschoß

Der Entwurf dieses Hauses bedient sich der traditionellen Maße alter Oberpfälzer Bauernhäuser, zweier Quadrate von 8,40 Meter Kantenlänge. Sie knüpfen an die Maßstäblichkeit des Ortes an und gleichzeitig weisen sie darauf hin, daß unter diesen beiden Dächern auch unterschiedliche Nutzungen stattfinden.

Verbindungselement ist die Mittelzone, eine Glasraupe auf dem Dach, die der Wohnhalle und dem Treppenhaus Höhe und Transparenz gibt, das graue Zinkdach, das den lebendigen Ziegeln keine Konkurrenz macht und auf der Südseite ein Glasvorbau.

Kein Wintergarten im eigentlichen Sinne – er ist offen zum Wohnraum –, schafft seine Gewächshausform trotz der geringen Tiefe von nur 1,5 Metern dennoch die Atmosphäre von Leichtigkeit und Naturnähe. Von hier aus reicht die Aussicht weit in das Tal hinunter, und abends gibt er den Blick frei in den Sternenhimmel.

Es sind nur Andeutungen einer gläsernen Architektur, sparsam eingesetzt, aber mit beträchtlichem Effekt. Und der kleine Glaskollektor leistet auch noch einen erheblichen Beitrag zu einer günstigen Energiebilanz. Im Sommer wird überschüssige Wärme über die elektromotorisch gesteuerten Fenster am First abgeführt.

TECHNISCHE DATEN

Bauaufgabe: Doppelhaus mit Wohnung und Arztpraxis

Konstruktion: Schlossermäßige Stahlkonstruktion, nach Architektendetails gefertigt, aus Winkel- und halben Doppel-T-Profilen, Alu-Verglasungsprofile mit thermischer Trennung für Sicherheitsverglasung

◇

Wie eine Klammer verbindet die Glasraupe auf dem Dach die beiden quadratischen Baukörper.

◇

Der freie Blick in den Himmel löst das Dach scheinbar auf und gibt dem Haus zusätzliche Höhe.

◇

In der Achse der Rückfassade liegt der Wintergarten mit Ausgang auf die angeböschte Terrasse.

◇

Der Wintergartenvorbau ist sonnendurchflutete Aussichtsplattform.

EINE ÜBERZEUGENDE IDEE – DAS HAUS UNTER GLAS

Architekt: Dipl.-Ing. Hans-Jürgen Steuber, Frankfurt

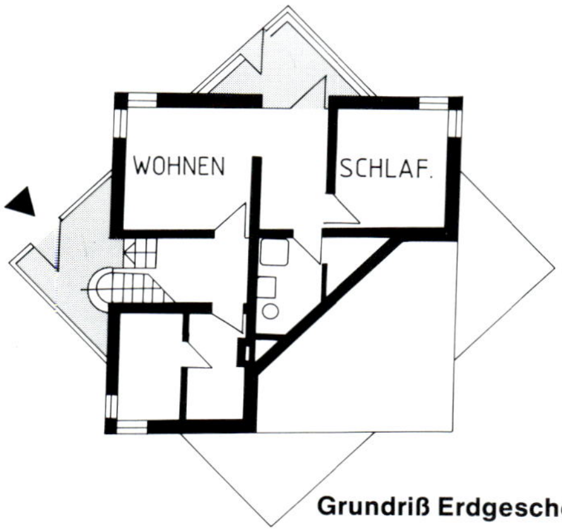

Grundriß Erdgeschoß

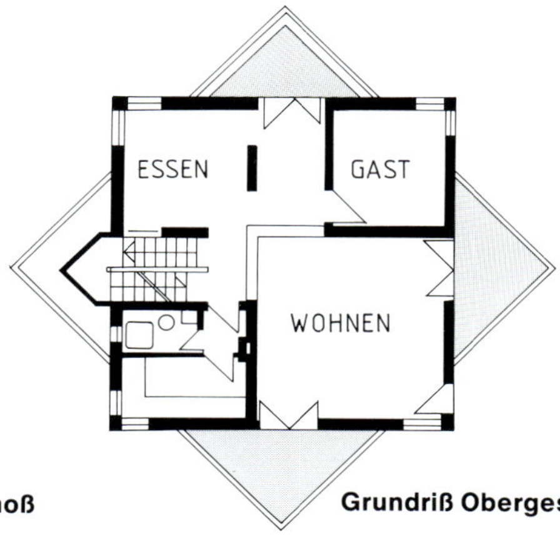

Grundriß Obergeschoß

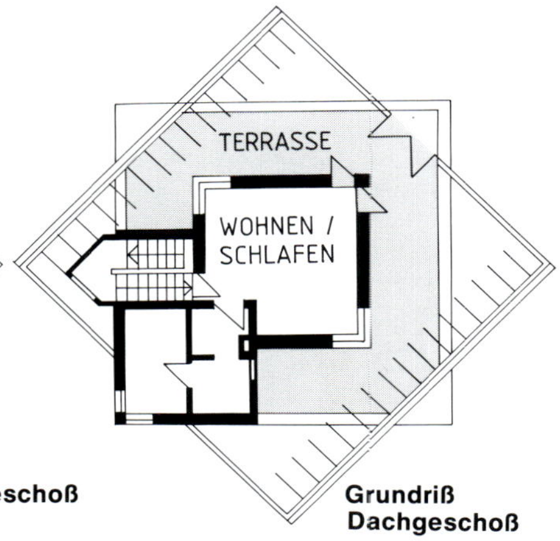

Grundriß Dachgeschoß

Die Konturen der leichten Stahl-Glaskonstruktion – rechteckiger Baukörper mit Satteldach – fügen die ungewöhnliche Architektur in das Ortsbild ein.

Von weitem sieht das Haus ganz normal aus. Die Gebäudeform mit dem Satteldach paßt sich der umliegenden Bebauung an, ebenso das Weiß des Kernhauses – und doch ist dieses Haus ganz anders als seine Nachbarn. Es ist ein konsequentes Solarhaus, mit einem massiven, quadratischen Kerngrundriß und einer gläsernen Hülle, dessen äußere Form – ebenfalls ein Quadrat – die Baulinie, Firstrichtung und Dachneigung der Nachbarhäuser aufnimmt.

Die vier Gebäudeecken des um 45 Grad gedrehten Kernhauses durchbrechen die Glashülle, so daß es auch direkt belüftet werden kann.

Vom Frühjahr bis zum späten Herbst öffnet sich das Haus: Die Wintergärten auf den Ecken und die verglasten Terrassen in den Obergeschossen bieten dann etwa ein Drittel zusätzliche Wohnfläche.

Die in dem großen Glaskollektor gewonnene Wärme wird über Türen und Fenster dem Kernhaus zugeführt. Energieeinsparung: über 40%. Und damit es im Sommer unter der Glashaut nicht zu heiß wird, lassen sich die flügelartigen Fenster über die ganze Firstlänge öffnen. Wilder Wein und Knöterich überziehen außen das Haus und dienen als natürlicher Sonnenschutz.

TECHNISCHE DATEN

Bauaufgabe: Einfamilienhaus mit Einliegerwohnung als »Solarhaus«

Konstruktion: Das Kernhaus besteht aus 30 cm starkem Porotonmauerwerk und einer äußeren Haut aus feuerverzinkten Stahlprofilen

Besonderheit: Das Haus-im-Haus-Prinzip. Kleines, geschütztes Winterhaus und großzügig offenes Sommerhaus

Verglasung: Einfachverglasung mit Sicherheitsglas in den Dachflächen

◇

Der Eingangsbereich. Hier beginnt schon der natürliche Sonnenschutz zu wachsen.

◇

Die Glashülle überzieht das ganze Haus. Das um 45 Grad gedrehte Kernhaus schafft den Außenbezug über die freiliegenden Gebäudeecken.

KULTIVIERTE BAUÖKOLOGIE

Architekt: Dipl.-Ing. Dr. Horst Schmitges, Mönchengladbach

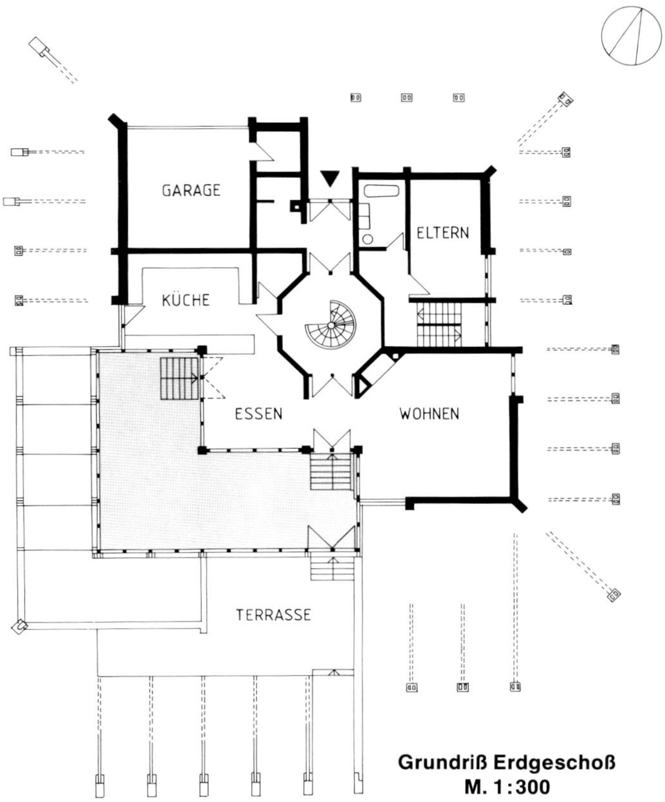

Grundriß Erdgeschoß
M. 1:300

Das Haus zeigt die Naturverbundenheit seiner Bewohner: von der konsequenten Anwendung bauökologischer Prinzipien über die Materialwahl der Baustoffe bis zum Energiekonzept.

Kein Wunder bei einem Grundstück, dessen besondere Qualität die Natur ist. Ein unverbaubarer Südhang mit Fernsicht über Wiesen auf das Bergische Land – ungewöhnlich für den Köln-Düsseldorfer Ballungsraum.

Der räumliche Mittelpunkt des Hauses mit seinem vierflügeligen Grundriß ist zwar das zentrale Treppenhaus, der Lebensmittelpunkt aber ist der fast 60 m² große, helle Wintergarten, der über beide Geschosse reicht. Er liegt, etwas vorgeschoben, auf der Südwestecke des Hauses, wird auch schon von der Morgensonne erreicht und ist ein idealer solarer Energielieferant. Vom Kernhaus über beide Ebenen abtrennbar und mit einer mechanischen Lüftung versehen, leitet er die überschüssige Warmluft temperaturgesteuert in die angrenzenden Räume, die so nicht nur energetisch, sondern auch von dem besonders sauerstoffreichen Klima des Wintergartens profitieren.

Dem natürlichen Gelände folgend, ist er gegenüber dem großen Wohn- und Eßbereich um einige Stufen abgesenkt. So ergeben sich interessante Blickbeziehungen innerhalb des Hauses und durch den Wintergarten hindurch auf die weite Landschaft. Symbol gezähmter Natur ist die seitlich neben dem Glashaus verlaufende Wassertreppe, seit Jahrhunderten in allen Kulturen wegen der kühlenden Frische besonders geschätzt.

TECHNISCHE DATEN

Bauaufgabe: Planung eines Einfamilienhauses mit 80 m² großer Einliegerwohnung unter Anwendung aufgeklärter bauökologischer Entwurfsprinzipien
Größe des Wintergartens: 59 m²
Konstruktion: Zimmermannsmäßige Holz-Fachwerkkonstruktion
Verglasung: Isolierglas
Energiekonzept: Passive Nutzung der Solarenergie; Nachrüstung mit Wärmepumpe ist vorgesehen
Bepflanzung: Spathiphyllum, Efeu, Russischer Wein, Ficus benjamina in Pflanzbecken und in beweglichen Plantainern auf Rollen

◇

Das mächtige, statische Stützwerk dient als Rankgerüst und als Sonnenschutz.

◇

Die Kaskade ist abends illuminierter Blickpunkt. Der Wasserlauf sorgt für feuchte, frische Luft im Wintergarten.

Viele Pflanzen und leichte Korbmöbel schaffen Wintergartenatmosphäre.

SCHÖNE AUSSICHTEN– EIN GLÄSERNER GALERIERAUM

Architekt: Clemens Richarz, Stuttgart

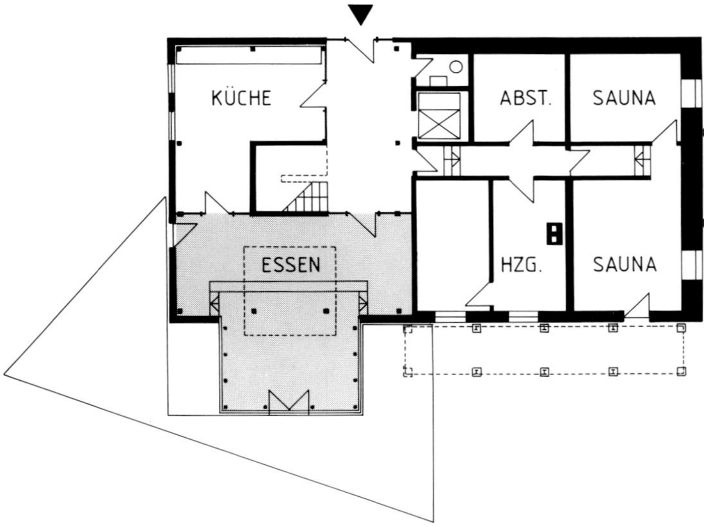

Grundriß Erdgeschoß

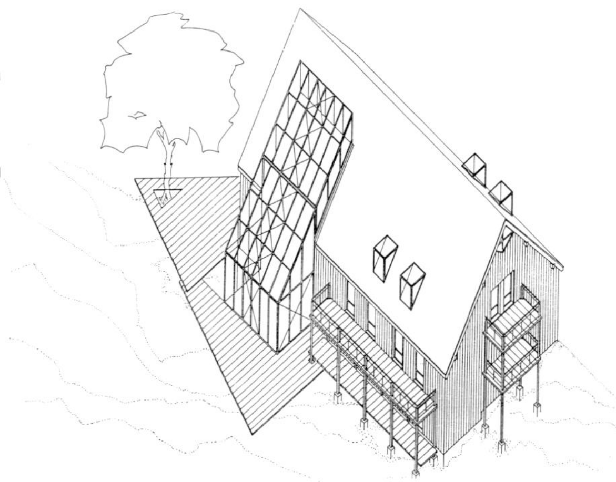

Isometrie

Eine Grundstückslage wie diese, mit weitem Ausblick über das Tal auf die Stadt und nach Süden orientiert, fordert geradezu dazu heraus, den ganzen Wohnbereich des Hauses der Natur zu öffnen und nur mit einer gläsernen Haut zu versehen. Und da inzwischen die Verglasungs- und Fassadentechnik so weit entwickelt ist, auch große Flächen problemlos dichten und dämmen zu können – schließlich soll das Dach so lange halten wie das ganze Haus –, können die Vorzüge der gläsernen Architektur immer phantasievoller und kühner genutzt werden.

Neben dem Wunsch nach dem freien Blick auf die Landschaft und der Naturnähe stand bei diesem Haus auch die Forderung nach einer möglichst einfachen und kostengünstigen Bauweise und geringen Betriebskosten. Der Wintergarten bietet daher nicht nur eine besondere räumliche Qualität, sondern leistet einen bedeutenden Beitrag zur Energieversorgung. In Zeiten des Wärmeüberschusses wird die Warmluft des dreigeschossigen Glashauses der Wärmepumpe zugeführt. Bei zu starker Sonneneinstrahlung kann in der Ebene des Untergurtes der Stahlträger ein textiler Sonnenschutz heruntergelassen werden. Bei einem Abstand von 30 cm zur Glasebene sorgt der thermische Auftrieb bei geöffneten Dachfenstern dafür, daß es im Glashaus nicht zu warm wird. An kalten Tagen dagegen kann der Wintergarten auf allen drei Ebenen abgetrennt werden, so daß nur das Kernhaus beheizt werden muß.

TECHNISCHE DATEN

Planungsaufgabe: Neubau eines Einfamilienhauses – einfach und kostengünstig – auf einem Hanggrundstück mit weitem Ausblick auf Stuttgart
Konstruktion: Das Wohnhaus ist ein Holzskelettbau mit Mauerwerksausfachung und hinterlüfteter Holzverschalung, der Wintergarten ist eine eingestellte, verzinkte Stahlkonstruktion
Besonderheit: Die Architektur der fast haushohen Gitterträger, die transparenten Gauben mit minimierten Glashalteprofilen als »kleine Wintergärten« und das Energiekonzept
Verglasung: Isolierverglasung mit Verbund-Sicherheitsglas in den Dachschrägen und naturfarben eloxierten Abdeckprofilen

◇

Der holzverkleidete Westgiebel ist hellgrau lasiert und wird bald die Patina des vorhandenen Stalles (links) annehmen und sich dann noch harmonischer in das Ortsbild einfügen.

◇

Der Durchblick zur Holzkonstruktion der Galerieebene. Bei allen Details gut ablesbar: die Verwendung einfacher Materialien, deren Verbindung stets zu einem qualitätvollen, gestalterischen Element wird.

◇

Die mittlere Galerieebene, hier mit Farn und Birkenfeige, bietet eine schöne Aussichtsplattform. Die Beschattungsvorrichtung ist so angelegt, daß zwischen Glas und Sonnenschutz ein Abstand von 30 cm entsteht.

◇

Die zweiflügelige Terrassentür auf der unteren Ebene mit dem Blick in den Wohnraum und die oberen Geschosse. Ganz oben sind die Lüftungsklappen geöffnet, um die Warmluft abzuleiten.

◇

Über drei Geschosse wird der Wintergarten geführt. Deutlich sichtbar werden hier die verzinkte Stahlkonstruktion mit den Windverbänden und der über Stahlseile geführte Sonnenschutz in der Untergurtebene.

MAL ZUM GENIESSEN, MAL ZUM REPRÄSENTIEREN

Architekt: Manfred J. W. Hecker, Düsseldorf

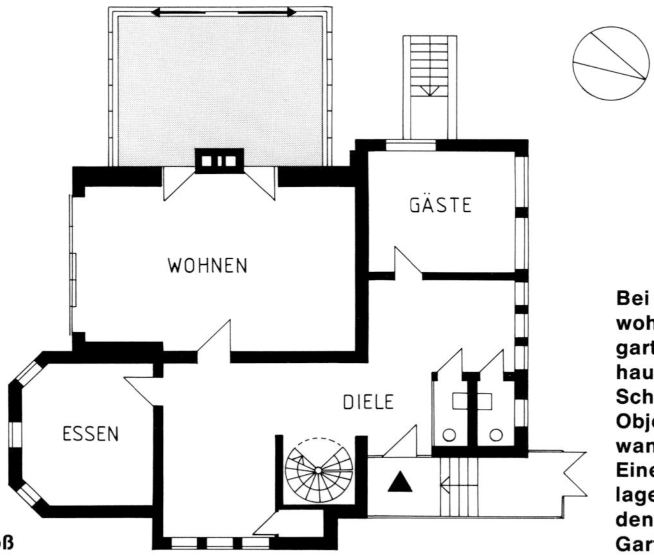

Grundriß Erdgeschoß

Bei dem Umbau wurde der wohlproportionierte Wintergarten an das Einfamilienhaus gebaut und der Schornstein als markantes Objekt außen an der Giebelwand nach oben geführt. Eine großzügige Stufenanlage leitet den Besucher in den tiefer gelegenen Garten.

Mit dem klassischen Wintergarten hat dieser Glasanbau nur noch wenig gemein. Äußerlich erinnert er zwar mit seinen Ausmaßen und Formen durchaus an seine Vorbilder. Doch seine inneren Werte haben sich sehr verändert. Er verdeutlicht die Spannbreite, die moderne Wintergärten bieten können.

Der Anbau, an der Westseite des Hauses mit dem schönen Blick in die Landschaft, ist nicht zum Überwintern von frostempfindlichen Gewächsen gedacht. Vielmehr um dem gestreßten Hausherren oder auch seinen Gästen eine Oase der Ruhe und Entspannung zu schaffen. Neben der eher privaten Nutzung dient der Wintergarten auch zum Repräsentieren. Deshalb wurden an die Ausstattung und Einrichtung hohe Maßstäbe gesetzt. Polierter Granit als Bodenplatten, die mit Klinkerstreifen gerastert wurden. Edelstahl für den eleganten Kamin. Modernes Design für Leuchten, Möbel und Tische. Und sogar die wenigen Pflanzen, wie Drachenbaum und Yuccapalme, übernehmen hier eine repräsentative Funktion.

Die Eleganz der Architektur setzt sich im Garten fort: Kiesweg für die Auffahrt, eine großzügige Stufenanlage an der Terrasse und eine einheitliche Bepflanzung.

TECHNISCHE DATEN

Planungsaufgabe: Umbau und Erweiterung eines Hauses durch einen vollklimatisierten Wintergarten
Größe: Etwa 38 m^2
Konstruktion: Unterkonstruktion aus weiß lackiertem Stahlrahmen mit thermisch getrennten Aluminium-Profilen (weiß)
Verglasung: Zweischeiben-Isolierglas, silberfarbig

Eine extravagante Note wird in diesem Wintergarten bevorzugt: Das Spiel von Spiegelungen edler Materialien, von polierten Platten und glänzendem Metall.

ZEICHENHAFT – GLASARCHITEKTUR FÜR EIN DOPPELHAUS

Architekten: Crayen + Crayen, Bielefeld

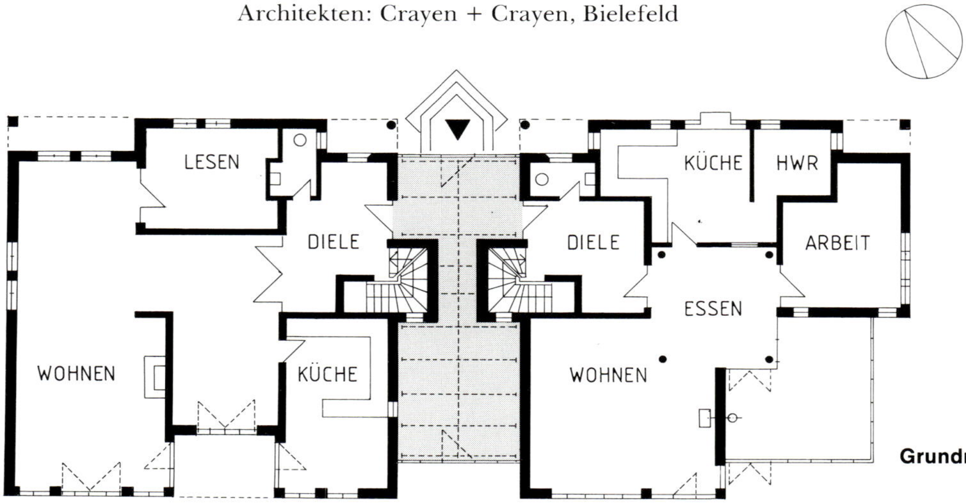

Grundriß Erdgeschoß

Der Wunsch nach Gemeinsamkeit wird hier deutlich. Das Glashaus als inszeniertes Entree der beiden Wohnhäuser

Die Grundrißorganisation dieser beiden Häuser hätte sicher auch vollkommen getrennte Eingänge zugelassen, hier aber setzt das Glashaus Zeichen: der Verbindungsbau ist Ausdruck des gemeinschaftlichen Wohnens, ist gemeinsamer Eingangsbereich, Treffpunkt und Begegnungsraum der beiden Familien und wettergeschützte Spielfläche für die Kinder.
Die zwischen die beiden Häuser gestellte Stahlkonstruktion schafft eine überdachte Fläche von 34 m^2. Die eingeschnittenen Treppenhäuser gliedern den Glasbau in einen vorderen Eingangsbereich und die zum Garten orientierte Gemeinschaftsfläche.
Der zweite Wintergarten, ein über beide Geschosse reichendes, gläsernes Anlehnhaus, wird als Wohnraum genutzt – dann, wenn es die Temperaturen dort zulassen.
Auch wenn die besondere Wohnqualität und das Leben mit Pflanzen im Vordergrund stehen – Oleander, Wein, Kiwi, Jasmin, Klematis, Lorbeer und Malven –, so ist das Glashaus doch auch gleichzeitig effektvoller Sonnenkollektor und integraler Teil des Gesamtenergiekonzeptes des Hauses. Die Nordfassade ist stark gedämmt und wird durch den vorgelagerten Carport gegen den kalten Nordwind geschützt, die Südfassade ist großflächig verglast, die Wände sind massive Speicherflächen, deren aufgenommene Wärme den anderen Räumen über die natürliche Thermik und bei Bedarf auch über Ventilatoren zugeführt werden kann. Zuluftöffnungen in der Sockelzone und Abluftklappen am First sorgen für die gewünschte Kühlung im Sommer, so daß keine zusätzlichen Sonnenschutzmaßnahmen erforderlich sind.

TECHNISCHE DATEN

Bauaufgabe: Neubau zweier Einfamilienhäuser mit dem Wunsch nach gemeinschaftlichem Wohnen; Glashaus als Verbindungselement; zusätzlicher zweigeschossiger Wintergarten und Sonnenenergiesammler (Haus B)
Konstruktion: Stahlbau mit aufgelegter Aluminium-Gewächshaus-Verglasungsebene, 5 cm schmal, zugelassen auch für Isolierverglasung
Verglasung: Einfachglas im Verbindungsbau, Isolierverglasung im Wohnwintergarten

◇

Durchblick vom gemeinschaftlichen Wintergarten auf die Eingangstür.

◇

Die großflächig verglaste Südfassade von Haus B mit dem angelehnten, zweigeschossigen Wintergarten

◇

Durchblick vom Eßraum zum Wintergarten, dessen lichte Atmosphäre sich auf das Haus überträgt.

◇

Die in den Wintergarten eingeschnittene Ecke des Eßplatzes mit dem Balkon der Galerie. Über die kleinen Fensteröffnungen wird die Warmluft in die Nordräume geleitet.

BAUEN MIT HOLZ UND GLAS – RESPEKT VOR ALTEN BÄUMEN

Architekten: Kaup, Scholz + Partner, München

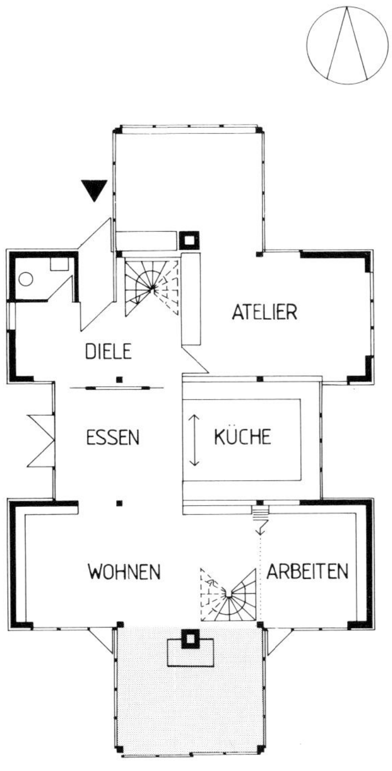

Grundriß Erdgeschoß

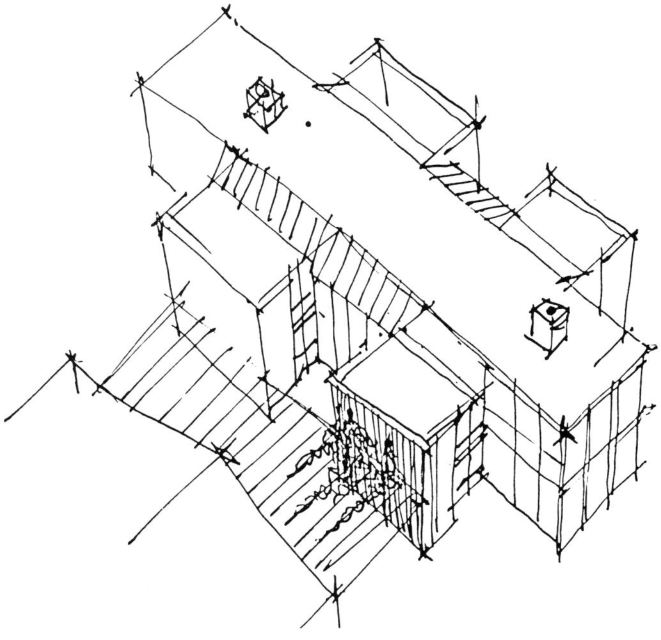

Baukörperskizze

Der Entwurf dieses Hauses ist eine Referenz an die Natur: Mit einem Grundriß, der gleichsam zwischen die Bäume gestellt wurde, zum Schutz der Wurzeln behutsam auf nur zwei Betonpfählen gegründet, und einer leichten, korrespondierenden Holzkonstruktion für das Ständerwerk und die Fassaden. Inmitten dieser Baumpracht steht der fast turmartige Wintergartenvorbau. Seine firsthoch verglaste Südfassade und die großen, über beide Geschosse reichenden Glaselemente vor den seitlichen Wohnbereichen öffnen das Haus großzügig zum Garten.

Ein zweiter Wintergarten erweitert den Eßraum nach Westen in den geschützten Gartenhof, im Obergeschoß belichtet er die Galerie. Gegenüber, nach Osten, läßt sich unter der Schrägverglasung die Morgensonne im Bad genießen – mit freiem Blick in die Baumkronen.

TECHNISCHE DATEN

Planungsaufgabe: Neubau eines Wohnhauses auf einem Grundstück mit dichtem Baumbestand
Konstruktion: Holzskelettbauweise mit einem Stützenraster von 4–4,5 m
Besonderheit: Gründung des Hauses auf nur zwei Betonpfählen zum Schutz der Baumwurzeln
Material: Holz für Tragkonstruktion, Fassaden und Fußböden
Verglasung: Allseitig Zweischeiben-Isolierverglasung mit Sicherheitsglas in den Schrägen

◇

Die großflächige Gliederung bestimmt die transparente Südfassade.

◇

Basilikaartig öffnet sich der große Glasbau zum Garten.

◇

Wintergarten-Atmosphäre auch im Bad mit Blick in die Baumkronen

◇

Blick von der Bibliothek durch den offenen Mittelbau in den Garten

◇

Der helle Eßplatz unter der Galerie vor der Küche. Bei schönem Wetter läßt er sich leicht in den Gartenhof verlegen.

OFFENES WOHNEN– NICHT NUR IM WINTERGARTEN

Architekt: Dipl.-Ing. Jürgen Hornemann, Greven

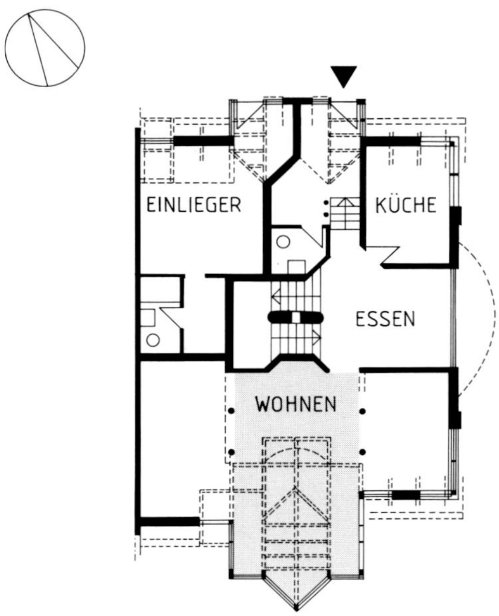

Grundriß Erdgeschoß

Zum Garten öffnet sich das Doppelhaus durch einen großen Wintergarten, er schafft eine wohltuende Verbindung zur Natur.

Der Entwurf erlaubt ein ungewöhnlich offenes Wohnen unter Glas: vom Wohnraum im Erdgeschoß über eine Galerie im Zwischengeschoß bis zum Studio im First. Ohne aber abgeschlossene Privatbereiche wie Schlafräume aufzugeben. Der klar gegliederte Grundriß mit einem durchgängigen Ordnungssystem wurde konsequent in die Gestaltung von Dach und Fassade überführt. Zum Garten hin ziehen sich die Dachflächenfenster hoch ins Gebälk. Und auf der Giebelseite führen kaleidoskopartig angeordnete Glasflächen das Licht weit ins Innere des Hauses.

Der Wintergarten versteht sich als konsequente Weiterführung der Architekturidee. Wie ein Schiffsbug ragt der Glasvorbau aus der Fassade, leicht und transparent, als sei er über statische Gesetzmäßigkeiten erhaben. Seine Entsprechung findet der Wintergarten im Eingangsbereich auf der Nordseite, der gleichfalls ganz in Glas gehalten ist. Wie der Entwurf, so ist auch das Farbkonzept konsequent: weiß gestrichene Kalksandstein-Vollsteinverblender mit zurückliegenden Lagerfugen für die Fassade; Titanzinkblech, anthrazit, für das Dach, und weißer Deckanstrich für die Stahlkonstruktion des Wintergartens (innen) und weiße Alu-Deckprofile (außen).

Zur Belüftung können die Glasflächen mechanisch geöffnet werden. Im Sommer werden zwischen den Sparren Sonnensegel gespannt.

TECHNISCHE DATEN

Bauaufgabe: Doppelhaus mit klarer Architektur in formaler Ganzheit und optischer Leichtigkeit

Grundfläche: ca. 20 m^2

Konstruktion: Thermisch getrennte Stahl-Glas-Konstruktion

Besonderheiten: Schwierige Detailpunkte und Übergänge sind gestalterisch und konstruktiv gut gelöst

Verglasung: Allseitig Zweischeiben-Isolierverglasung: 12 mm VSG mit 6 mm Floatglas

◇

Das Richtige für Sonnenanbeter: Da die Fassade und der Dachbereich in großen Teilen verglast sind, kann man hier oben herrlich sonnenbaden. Auch wenn die Sonne mal nicht scheint, ist dieser Platz stets besonders warm.

◇

Im Nachbarhaus wird der Wintergarten ähnlich genutzt. Hier wurde er jedoch als eleganter Sitzplatz eingerichtet, der den Wohnraum großzügig wirken läßt.

IN HARMONIE MIT DER NATUR – STEILHANG, GUT GENUTZT

Architektin: Dipl.-Ing. Ulrike Schnappinger, München

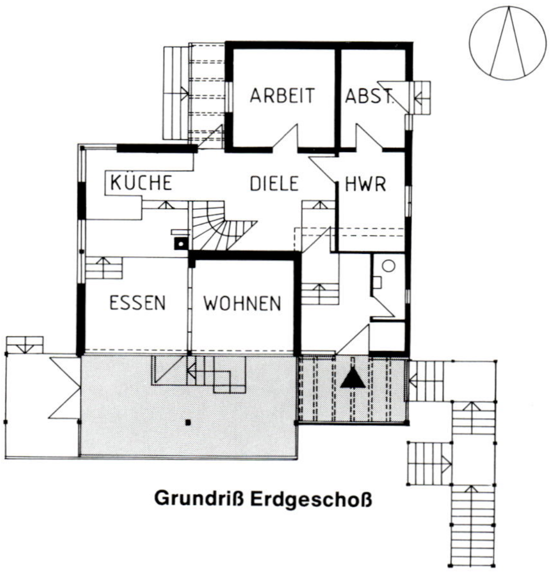

Grundriß Erdgeschoß

Der Baukörper nutzt die Hanglage: Zur kalten Nordseite bietet das Haus mit zwei Geschossen nur wenig Windangriffsfläche. Nach Südwesten öffnet es sich mit dem Wintergarten als Sonnenkollektor über vier Geschosse.

Die Entwurfsidee wurde von der Lage des Grundstücks, einem steilen Südwesthang mit herrlichem Seeblick, in vielerlei Hinsicht beeinflußt. Der rückwärtige Grundstücksteil wird von einem Fichten- und Buchenwald begrenzt.

Im Gegensatz zu der Architektur der Nachbarhäuser, bei der die Gebäude durch hohe Wände gegen den Hang abgestützt wurden, ist bei dieser Konzeption der Baukörper durch Staffelung der Geschosse integriert worden. Außerdem eignet sich die Südwestlage für die Nutzung passiver Solarenergie. Auf der Südseite wurden große Fenster angeordnet, mit der Einbeziehung eines Wintergartens als Energiespender und Kältepuffer, von Speicherwänden und einer Wärmepumpe. Bei offener Grundrißgestaltung entstanden größere, in sich gegliederte Wohnbereiche. Daneben auch kleinere Räume, mit der Rückzugsmöglichkeit ins Private. Küche und Kachelofen bilden den zentralen Platz im Haus. Und neben dem Kachelofen liegt das sogenannte Winterzimmer, das von Speicherwänden und dem Wintergarten umgeben ist. Das offene Treppenhaus mit den verschiedenen Ebenen und auch die Glastrennwand zum Wintergarten ermöglichen vielfältige Blickbeziehungen und vor allem verschiedene Klimazonen.

Die farbliche Auseinandersetzung des Hauses beschränkt sich nicht nur auf die heutige Reduktion ländlichen Bauens, auf weißen Putz, rotes Ziegeldach und Holztöne. Das Thema wird weiter gefaßt und individuell interpretiert. Das aufgrund des Landschaftsschutzes vorgeschriebene Ziegeldach wird im Entwurf zur Eingliederung in die Umgebung benutzt. Seine unverkennbare Originalität bezieht das Haus jedoch durch das geschickte Spiel mit Farben und Materialien: der blaugrauen Bodendeckelschalung, den weiß lackierten Paneelen, den hellen, naturbelassenen Fensterstöcken und den roten Sparrenköpfen sowie der weiß lasierten Untersicht des Dachüberstandes.

TECHNISCHE DATEN

Bauaufgabe: Neubau eines Einfamilienhauses mit verschiedenen Nutzungsebenen und einem Wintergarten, Veranda und Sonnenterrasse

Größe: Geschoßfläche etwa 240 m^2, Wintergarten etwa 25 m^2

Konstruktion: Holzrahmenkonstruktion auf einem Raster von 3,60 m × 3,60 m, Fichte der Bauholzklasse II und Holzleimbinder

Besonderheit: Schräge Fensterflächen (1,20 × 1,20 Meter) herausnehmbar in der Trennwand Wohnraum/Wintergarten

Belüftung: Ausstellfenster im Bodenbereich und an der Decke

Verglasung: Isolierverglasung (senkrechte und geneigte Flächen)

Ausreichende Öffnungen für Zu- und Abluft gewährleisten eine angenehme Raumtemperatur. Der große Dachüberstand verhindert, daß die heiße Mittagssonne im oberen Bereich überhaupt erst eindringt. Dadurch wird der thermische Auftrieb der erwärmten Luft noch verstärkt.

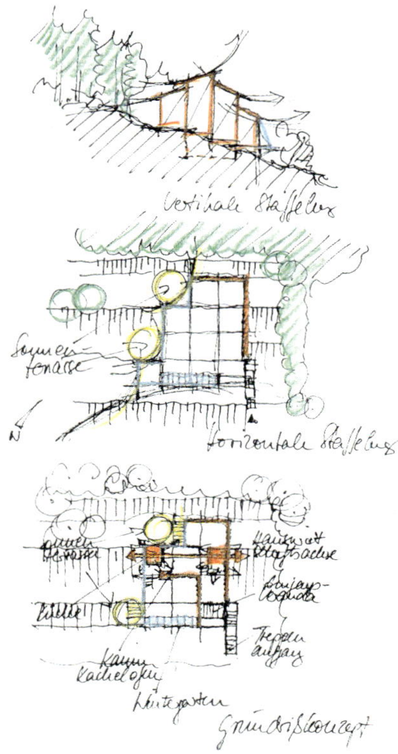

Erste Entwurfsskizzen, die das Grundstück analysieren: die windgeschützte Hangsituation (oben); Lage der Sonnenterrasse nach Südwesten (Mitte); Grundrißkonzept (unten).

Die schräge Glaswand nutzt die Erfahrungen im Gewächshausbau: den optimalen, direkten Einfallswinkel der tiefstehenden Wintersonne.

GARTENZIMMER FÜR EIN FLEXIBLES HAUS

Architekten: Dipl.-Ing. Rainer Eich, Prof. Dr. Steffen Huth

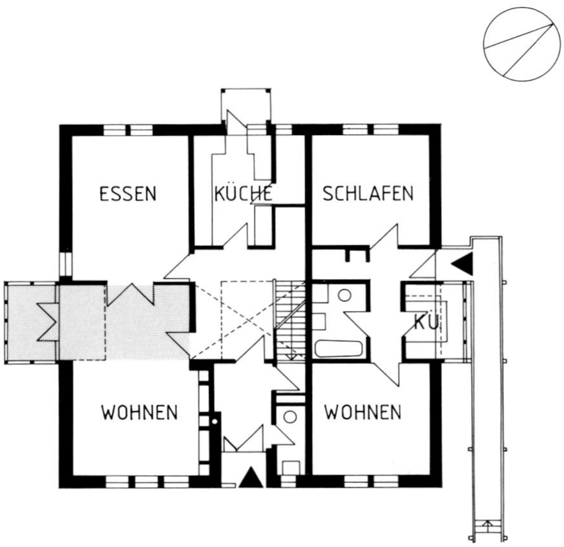

Grundriß Erdgeschoß

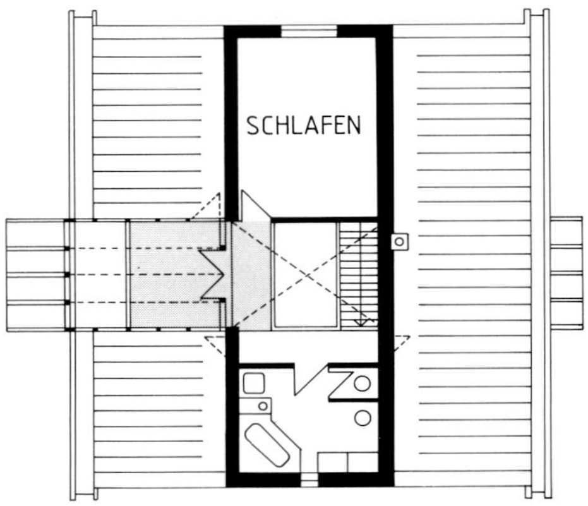

Grundriß Obergeschoß

Was sich so mancher Hausbesitzer wünscht, ist hier realisiert worden: Dieses Einfamilienhaus kann jederzeit den sich ändernden Wünschen und Bedürfnissen seiner Bewohner angepaßt werden. Gebaut wurde es als Einfamilienhaus mit einer kleinen Praxis. Ebenso ist es möglich, die Praxis in die Wohnung zu integrieren. Oder sie als separaten Kinderbereich abzutrennen. Oder als »Altenteil« für die Eltern bzw. die Großeltern. Auch eine Vermietung als Einliegerwohnung läßt sich ohne weiteres ermöglichen.
Das Haus liegt an einem Nordhang mit bergseitiger Erschließung von Süden. Um diesen Orientierungsnachteil auszugleichen, wurde durch den Wintergarten eine besondere Lichtführung für das Haus entwickelt und die Integration des Gartens betont. Das räumliche Konzept entstand über einem quadratischen Grundriß, in dem die zentrale, zweigeschossige Halle dominiert. Die anschließenden Räume (Wohnen, Kochen, Essen, Schlafen) wurden um diese Halle gruppiert.
Der ganzjährig bewohnbare Wintergarten öffnet das Haus zum Garten über mehrere Ebenen, bietet helle Sitzplätze, schafft interessante Licht- und Schattenbereiche – und einen harmonischen Übergang in den Garten.
Besonders reizvoll wirkt die klare Formensprache der Materialien: Kalksandstein-Sichtmauerwerk mit Betonformteilen, Stege und Balkon als freistehende Stahlkonstruktion und ein Farbkonzept in Weiß-, Grün- und Blautönen.

TECHNISCHE DATEN

Bauaufgabe: Einfamilienhaus mit kleiner Praxis unter Einbeziehung des Gartens
Größe des Wintergartens: ca. 15 m^2
Konstruktion: Freistehende Stahlkonstruktion
Verglasung: Isolierverglasung als Wärmeschutzglas; die geneigten Flächen 6 mm ESG und 8 mm VSG als Isolierverglasung
Belüftung: Untere und obere Lüftungsöffnungen
Sonnenschutz: Außenliegende, motorisch betriebene Markise

◇

Der über zwei Geschosse reichende Wintergarten mit außenliegendem Sonnenschutz auf einer rostfreien Stahlkonstruktion.

◇

Der Wintergarten setzt sich am First als Oberlicht fort und belichtet auch das Dachgeschoß. Der Grünton des Glashauses wurde auch für die Fenster übernommen.

◇

Auch für das Dachgeschoß wurde eine eigene Wintergartenebene geschaffen. Von hier aus führt der Zugang zu Schlafraum und Bad.

WINTERGARTEN AUF ZWEI EBENEN

Architekt: Dipl.-Ing. Herbert von Wehrden, Neu-Isenburg

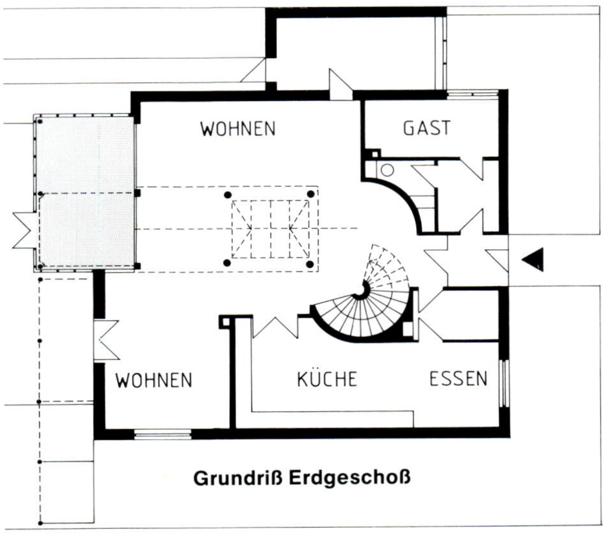

Grundriß Erdgeschoß

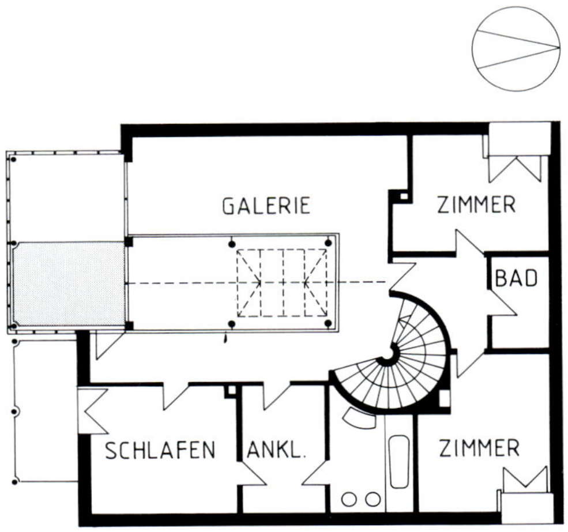

Grundriß Obergeschoß

Dieser Wintergarten überzeugt durch sein Gesamtkonzept: den Grundriß, die transparente Zweigeschossigkeit über Gitterroste, seinen axialen Außenbezug zum Wasserbecken mit der Fortführung in der Pergola und die Vielzahl der gestalterisch eingesetzten Stahlbaudetails.

Wenn ein Architekt als Designer tätig ist, hat er einen besonderen Blick für die Details. So auch in diesem Fall. Hier war es die Aufgabe für den Architekten, einen Neubau für Bauherren zu planen, die er durch die gemeinsame Arbeit an einem Entwurf für ihre Büromöbel-Kollektion kennen und schätzen gelernt hat.

Zum wichtigen Bestandteil in dem Neubau wurde der Wintergarten mit seinen zwei Nutzungsebenen, der Wohnebene im Erdgeschoß mit dem eleganten Belag aus Carrara-Marmor und der Pflanzenebene im Obergeschoß, die über eine Spindeltreppe miteinander verbunden sind.

Auf dem transparenten Gitterrost sollen die vielen Pflanzen, die jetzt noch ein wenig vereinzelt in Kübeln und Trögen stehen, zu üppig grünen »hängenden Gärten« werden. Dieser grüne Bereich im Wohnhaus wird außen formal mit einem Rankgerüst und einem Balkonelement fortgesetzt. Wohltuend und keineswegs selbstverständlich ist auch, daß die angrenzende Terrasse mit dem Wasserbecken nach einem einheitlichen Konzept geplant wurde und somit zu einer harmonischen Gesamtlösung führt.

TECHNISCHE DATEN

Bauaufgabe: Integration eines Wintergartens in den zweigeschossigen Wohnbereich eines Neubaus unter Berücksichtigung einer »Pflanzengalerie«
Größe: Ca. 16 m^2
Konstruktion: Pulverbeschichtete Aluminium-Stahlkonstruktion (grau)
Entlüftung: Klappflügel im Dachbereich
Verglasung: Isolierglas und in den geneigten Flächen mit VSG
Sonnenschutz: Außenliegende Markisen

◇

Der bauliche Reiz des Wintergartens liegt nicht allein in seiner Baukörperform, vielmehr in der differenzierten Gestaltung der Fassade.

◇

Der transparente, zweigeschossige Glashausteil mit der Pflanzenebene aus Gitterrosten, darunter der verspannte Windverband

ERSCHLIESSUNG ALS ERLEBNIS

Architekten: Prof. Dr. Hartmut Niederwöhrmeier, Dr. Heidi Kief-Niederwöhrmeier, Stein–Nürnberg,
Mitarbeiterin: Cornelia Benstein

Ungewöhnlich: Die Eingänge des Hauses liegen auf der Gartenseite.

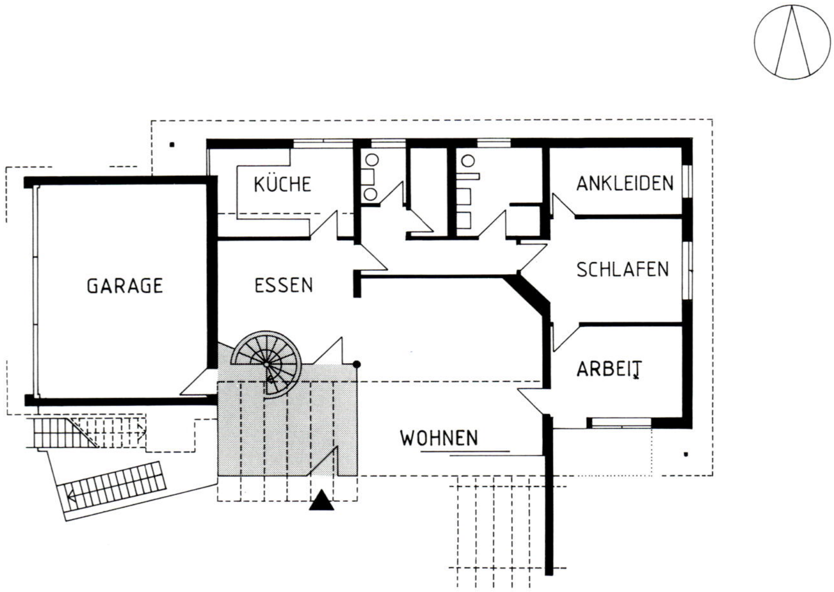

Grundriß Erdgeschoß

Der Eingang eines Hauses ist nicht nur Zugang, er ist immer auch Empfangssituation.
Bei diesem Einfamilienhaus erfüllt er darüber hinaus gleich noch eine Vielzahl von weiteren Funktionen.
Den Besucher empfängt das Haus mit seiner offenen, einladenden Gartenseite, mit einem herrlichen Blick über die angrenzenden Felder und dann einem Wintergarten als Entree. Und der Wintergarten ist nicht nur Eingang, er ist Pflanzenhaus und geschützter Übergang zum Garten, ist internes Treppenhaus zum Untergeschoß, Zugang zur angrenzenden Garage und Erweiterung des Eßraumes. Seine auch zum Kernhaus hin offenen, gläsernen Wände – die sich über Vorhänge aber auch abtrennen lassen – schaffen weite Durchblicke im Haus und vergrößern so optisch den angrenzenden Wohnraum. Und obendrein ist er auch noch solarer Energielieferant für die rückwärtigen Räume.
Das weit auskragende Vordach bewahrt den Eintretenden vor dem Regen und die Fassade vor dem ablaufenden Wasser der Dachschrägen. Gegen zu viel Wärme schützt der außenliegende Sonnenschutz, der vollautomatisch über Wind- und Sonnenwächter gesteuert wird. Lage, Inszenierung und eine gedankenreiche Architektur machen die Erschließung dieses Hauses tatsächlich zum Erlebnis.

TECHNISCHE DATEN

Bauaufgabe: Einfamilienhaus mit drei separaten Ebenen und einem besonders inszenierten Erschließungssystem
Größe des »multifunktionalen« Wintergartens: 18 m^2
Konstruktion: Architektenkonstruktion unter Verwendung von Aluminium-Systemteilen eines Fassadenherstellers

◇

Treppe zum Untergeschoß und der Wintergarten als einladendes Entree der Erdgeschoßwohnung

◇

Die Lichtführung zeigt, wie wirkungsvoll das Glashaus durch den außenliegenden Sonnenschutz verschattet wird.

◇

Der Zugang zur höhergelegenen Terrasse führt bis an den Wintergarten heran, wodurch sich abwechslungsreiche Ausblicke bieten.

◇

Dieser Wintergarten erfüllt viele, sich überlagernde Funktionen. Das macht seinen besonderen Reiz aus.

RÜCKGRIFF AUF BEWÄHRTES – WINTERGARTEN EINER ZÜRCHER VILLA

Architekten: Dolf Schnebli, Tobias Ammann, Flora Ruchat-Roncati, BSA & Partner AG, Zürich

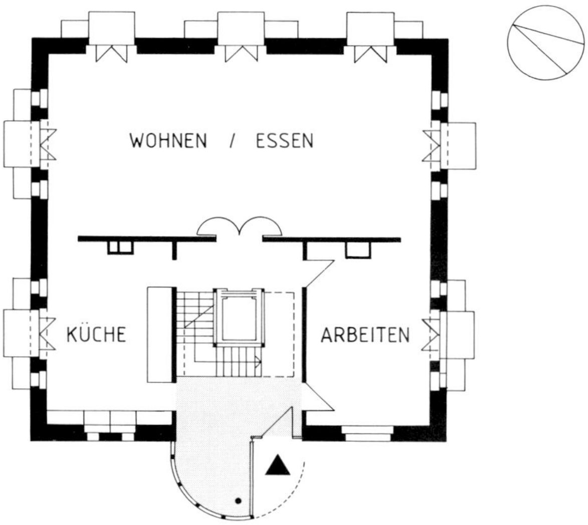

Grundriß Erdgeschoß

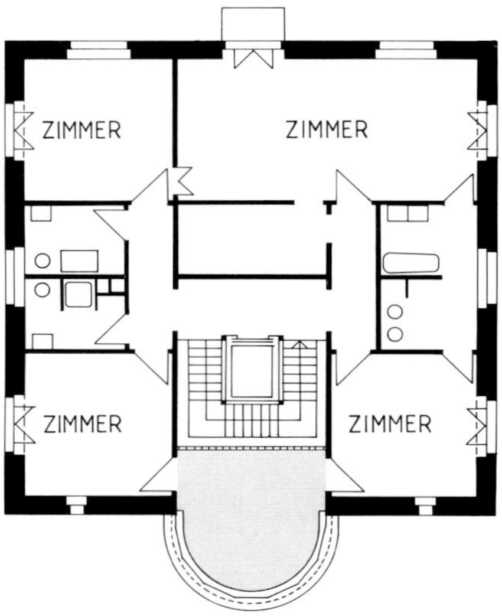

Grundriß 1. Obergeschoß

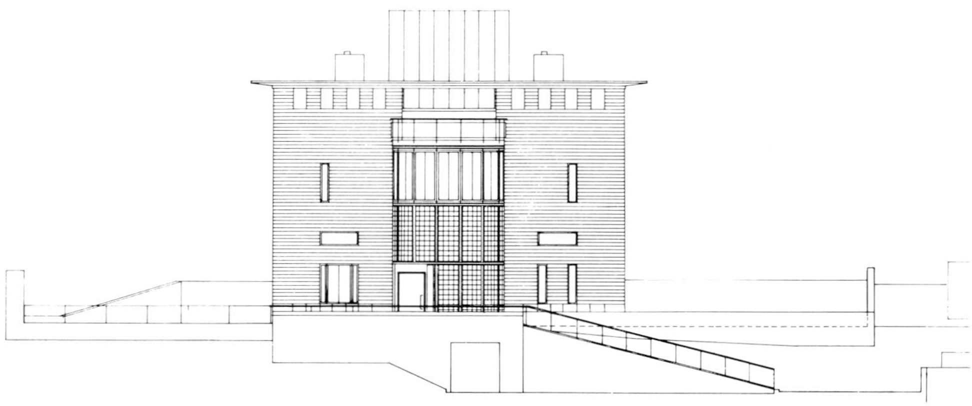

Ansicht der Südwestfassade

Das Bewährte zeigt sich hier im Bautypus der traditionellen Villa mit der einst offenen Säulenvorhalle, in den Proportionen, deren Prinzipien auf Palladio zurückgehen, und in der perfekten Präzision der handwerklichen Ausführung aller Arbeiten.

Nur ist die Säulenhalle hier geschlossen und ist Eingangsbereich. Aus dem baluster-geschmückten Balkon wurde der Wintergarten im ersten Obergeschoß, und über diesem, als dritte Zone, liegt der offene Balkon des Dachgartens.

Der so entstehende gläserne Halbrund-Vorbau dient als bewußter Akzent vor dem ansonsten strengen Kubus. Rückgriff auch auf ein Baumaterial, das in den vergangenen Jahrzehnten meist in verkitschter Form eingesetzt wurde: der Glasstein. Sein strenger Raster belichtet die Eingangszone, ist Brüstung im Wintergarten und halbtransparente Rückwand zum Treppenhaus.

TECHNISCHE DATEN

Bauaufgabe: Glasvorbau über zwei Geschosse, im Erdgeschoß als helle Eingangszone, im Obergeschoß als Wintergarten, im Dachgeschoß als Balkon
Material: Glassteine
Größe des Wintergartens: 16 m^2

◇

Die Transparenz des Wintergartenhalbrunds ist ein bewußter Akzent an dem sonst geschlossen strengen Kubus.

◇

Schwerelos wächst das Glashalbrund aus dem Boden heraus.

◇

Der eingeschnittene Eingangs-bereich

GLASARCHITEKTUR FÜR EIN UNGEWÖHNLICHES ENERGIESPARHAUS

Architekt: Roland Hagmüller, Wien

Nur die Architektur des Glashauses entfernt sich von der Tradition des burgenländischen Weinbauern-Anwesens: Es ist deutlich sichtbares Zeichen für eine neu verstandene Architektur, die sich die Sonne zunutze macht.

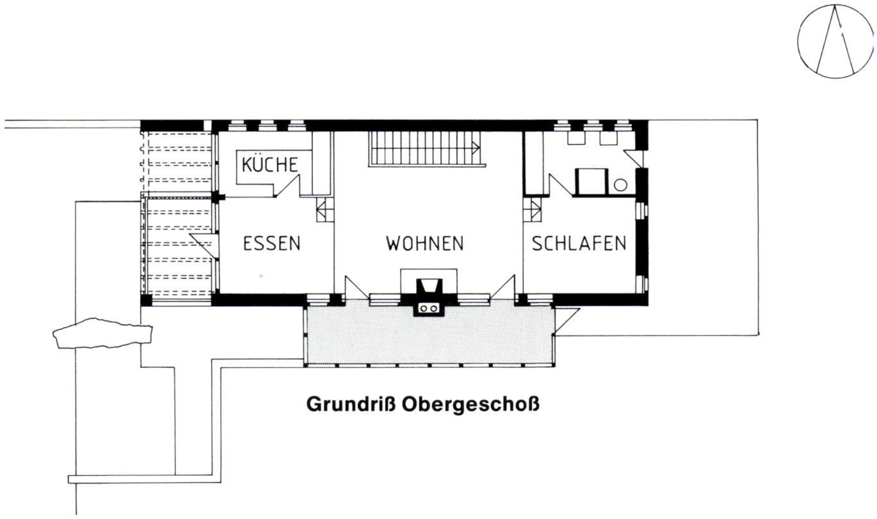

Grundriß Obergeschoß

Die Architekturtradition, die diesem Haus zugrunde liegt, erschließt sich nicht auf den ersten Blick. Formal vollkommen eigenständig, bedient sie sich aber der für diese Weinbaulandschaft im Osten Österreichs typischen Elemente. Die Baukörperkonzeption, Grundriß, Maße und Materialien sind der örtlichen Baukultur der Weinbauernhäuser entlehnt und fügen das Haus in das Landschaftsbild ein – neben dem wieder angelegten Weingarten. Neu und auffallend andersartig dagegen ist der Glaskörper. Er ragt über die traditionelle Hausbreite hinaus, setzt sich durch Material, Farbe und Form deutlich ab. Das Glashaus ist Wintergarten im herkömmlichen Sinne, vom Kernhaus durch isolierverglaste Holztüren abtrennbar, ist Pflanzenhaus und Sonnenkollektor in einem. All das wäre schon Wohnwert genug, hier aber kommt dem Wintergarten noch die einmalige Qualität der Grundstückslage zugute: ein herrlich weiter Ausblick in die Landschaft. An klaren Tagen reicht die Sicht bis nach Wien auf der einen und bis zum Neusiedler See auf der anderen Seite. Leichtigkeit, Transparenz und die verschiedenen Stadien der Öffnungsmöglichkeiten machen das Glashaus zum ganzjährig geschützten Aussichtsplatz; fast eine Geste des Respekts an die Natur, mit der besonderen Qualität einer offenen Veranda an heißen Sommertagen, halb geschlossen, um die Kühle der Nacht hinauszuzögern, und gänzlich geschützt bietet er an kalten Wintertagen Rückzugsmöglichkeiten in die Stille.

TECHNISCHE DATEN

Planungsaufgabe: Neubau eines landschaftsgebundenen Wohnhauses mit offenem Grundriß und energiewirtschaftlich besonders sinnvoller Gesamtkonzeption
Größe des Glashauses: 18 m²
Konstruktion: Holzleimbinder mit unterer Fassadenebene in Holz, Dachzone als pulverbeschichtete Aluminiumkonstruktion
Belüftung: Über untere Fenster mit Fliegengitterschutz und Dachflächenfenster
Blend- und Sonnenschutz: durch einhängbare, leichte Sonnensegel
Energiekonzept: Der Warmluftüberschuß aus dem Glashaus wird der Wärmepumpe für die Warmwasserheizung zugeführt

◇

Der Innenraum des Glashauses mit der auskragenden Tischkonstruktion des Satteldaches aus einfachen Holzleimbindern.

◇

Die Ansicht des Westgiebels mit dem von einer Pergola überspannten Freisitz vor der oberen Wohnebene. Vor der unteren Wohnebene liegt ein kleiner Pflanzen- und Schwimmteich.

UNGEWÖHNLICHES FERTIGHAUS MIT NEUEN IDEEN

Architekt: Prof. Dipl.-Ing. Eberhard Stauß, Innenarchitektin Dipl.-Ing. Ursula Wangler, München

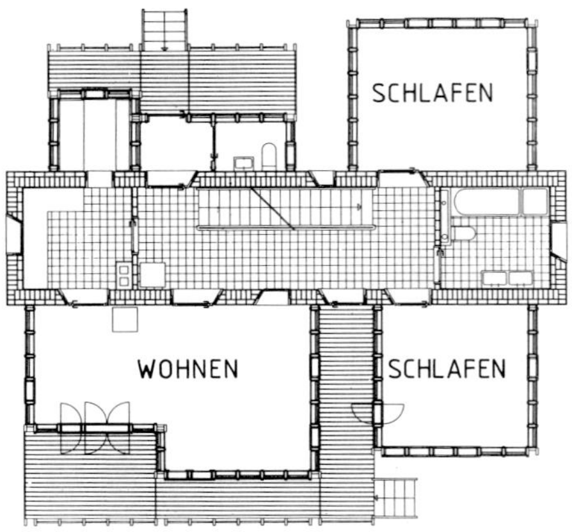

Grundriß Erdgeschoß

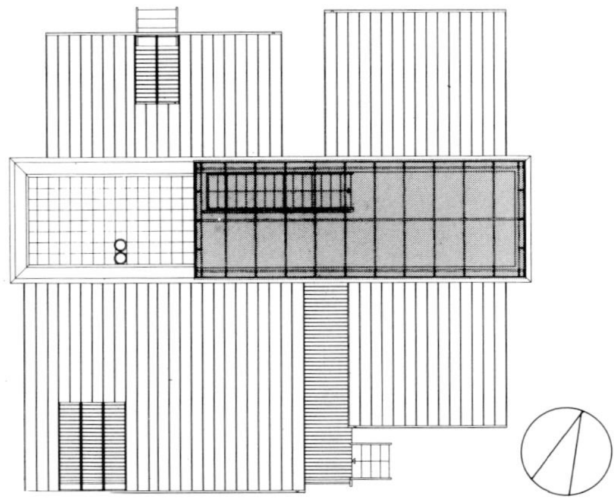

Grundriß Dachgeschoß

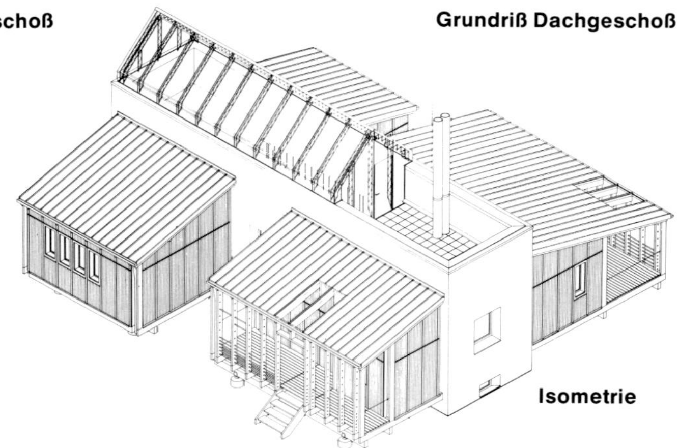

Isometrie

Der Anreiz für Bauherren, sich für ein Fertighaus zu entscheiden, ist verständlicherweise groß. Vor allem dann, wenn das Budget einen engen finanziellen Rahmen vorschreibt. Denn bei einem Fertighaus lassen sich die Gesamtkosten vor dem Bau meist sehr präzise festlegen.

Längst haben Fertighäuser auch ihre Eintönigkeit und Einfachheit abgelegt. Und nur selten sieht man den Bauwerken an, daß sie vorgefertigt sind. Ein Musterbeispiel bietet dieser Entwurf, der obendrein durch seine enorme Flexibilität überrascht. Hier wird filigrane Architektur unter Einsatz zeitgemäßer Materialien und Farben praktiziert. Die Idee ist einfach: An das Kernhaus (Außenmaße 16,8 × 3,6 Meter) können verschieden große Räume mit Hilfe einer Montageschiene angebracht werden. Bei diesem Systemhaus sind es vier Pavillons, die als Windfang, Schlafzimmer, Kinderzimmer und kombinierter Wohn- und Eßraum genutzt werden. Das Dachgeschoß ist zum großen Teil verglast: Auf die Brüstung des Hauskerns wurde eine filigrane Glaskonstruktion (Glasraupe) gesetzt. Um ein optimales Raumklima zu schaffen, kann die zur Lüftung vorgesehene Dachfläche in Teilflächen aufgegliedert werden. So läßt sich trotz Energieersparnis eine optimale Entlüftung erreichen.

TECHNISCHE DATEN

Planungsaufgabe: Erweiterbares Einfamilienwohnhaus mit aufgesetztem Wintergarten
Größe des Wintergartens: ca. 28 m^2
Konstruktion: Innenliegende Tragekonstruktion für das Glashaus aus Edelstahl (matt oder glänzend verchromt oder gebürstet)
Verglasung: Aus rahmenlosen Zweischeiben-Isoliergläsern
Belüftung: Die Dachfläche kann in beliebiger Größe geöffnet werden
Sonnenschutz: Innenliegend
Besonderheit: Beliebige Möglichkeiten von Kombinationen und Erweiterungen der Wohnfläche im Rastermaß von 60 Zentimetern

◇

Die Dachgeschoßebene des Fertighauses bildet das Glashaus mit unterteilbarem Innenraum und einer kleinen, windgeschützten Terrasse.

◇

Überraschend leicht wirkt die rahmenlose, schuppenartige Verglasung auf den filigranen Gitterträgern.

WOHNKULTUR UNTER GLAS

Die Solararchitektur

FÜNF PROJEKTE

SOLAR-REIHENHÄUSER MIT HÖCHSTEM WOHNKOMFORT

Architekt: Dipl.-Ing. Winfred Klimesch, LOG ID, Tübingen
Bauleiter: Gerhard Steiner

Nach wie vor besteht immer noch eine große Unkenntnis über die Möglichkeiten energiesparenden Bauens und auch der Risiken in bezug auf die Funktionsfähigkeit und Wirtschaftlichkeit neuer Techniken. Grund genug, solch ein Bauvorhaben in Tübingen zu fördern. Die beiden ersten Reihenhäuser wurden von Januar 1987 bis Mai 1988 auf die Energieeinsparung und das thermische Verhalten hin untersucht.
Die Zusammenfassung der Ergebnisse ergibt: Der Heizenergieverbrauch dieser Reihenhäuser liegt um 60 bis 70% unter dem Mittelwert des bundesdeutschen Gebäudebestandes. Die im Sommer im Wohnraum auftretenden Temperaturen bleiben sogar unterhalb der Außenlufttemperatur (obgleich keine besonderen Sonnenschutzmaßnahmen vorgesehen sind).
Die Wärmeschutzverglasung wirkt sich sehr energiesparend aus. Die subtropischen Pflanzen im Glashaus bieten eine Vielzahl wohltuender Farben, Formen, Gerüche und angenehmen Schatten. Die relative Luftfeuchtigkeit schwankt zwischen 50 und 75% und ist damit etwas höher als der allgemein empfohlene Wert von 40 bis 60%.
Die Erwartung, daß Pflanzen einen höheren Sauerstoffgehalt der Luft bewirken, hat sich leider nicht erfüllt. Er entspricht nur der Außenluft.

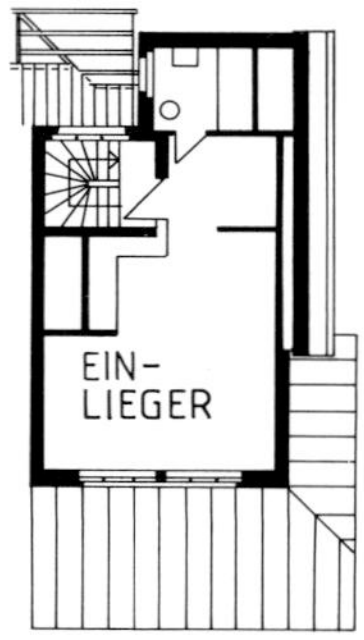

Grundriß Dachgeschoß

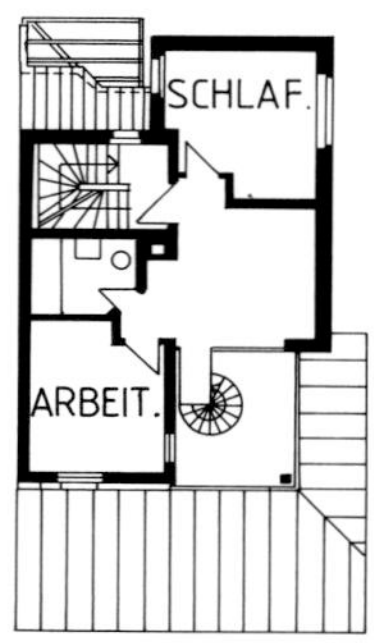

Grundriß Obergeschoß

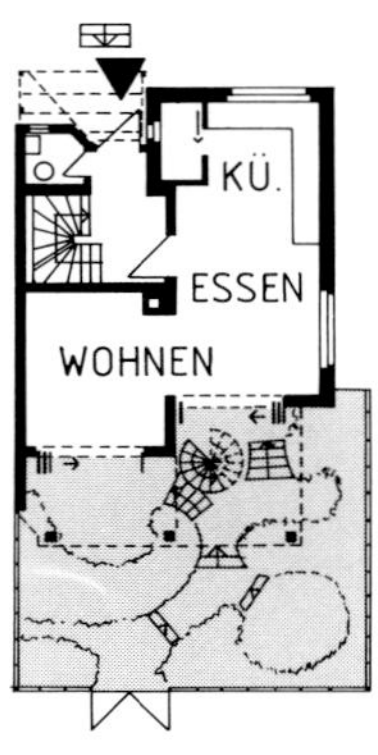

Grundriß Erdgeschoß (Endhaus Ostseite)

TECHNISCHE DATEN

Bauaufgabe: Planung von Reihenhäusern auf kleinen Grundstücken nach den Prinzipien grüner Solararchitektur
Größe des Wintergartens pro Haus: 51 m² (Wohnfläche 115 m²)
Konstruktion: Tragekonstruktion aus feuerverzinktem Stahl mit Aluminiumprofilen zur Glasabdeckung
Verglasung: Hochwärmegedämmtes Isolierglas
Belüftung: Temperaturgesteuerte Lüftungsklappen
Energiekonzept: Passive und aktive Nutzung der Sonnenenergie aus dem Wintergarten und durch Ableitung der Warmluft aus dem Glashaus in das Wohnhaus mit temperaturgesteuerten Ventilatoren. Hohe Wärmedämmung für das massive Kernhaus. Der Wintergarten (teilweise eingeschossig, teilweise zweigeschossig) besitzt außerdem eine günstige Dachneigung (41 Grad) zur optimalen Ausnutzung der Sonnenenergie
Bepflanzung: Subtropische Gewächse in Beeten
Besonderheit: Es handelt sich um ein Forschungsprojekt in Zusammenarbeit mit der Stadt Tübingen, der Universität Tübingen, dem Bundesforschungsministerium und der Gruppe LOG ID, Tübingen.

◇

Gesamtansicht der Solar-Reihenhausanlage. Im Vordergrund das durch die Grundrisse dokumentierte Endhaus

◇

Alle Einbauten, Fußböden, Stufen und Pflanzbecken wurden zur Wärmespeicherung und als Klimapuffer (Feuchtigkeit) in Vollziegeln ausgeführt.

◇

Blick von der tiefliegenden Gartenebene in die weißlackierte Stahlkonstruktion mit der spannungsfrei aufgedoppelten Aluminium-Verglasungs-Ebene

EINE GLÄSERNE HÜLLE FÜR EIN PFLANZENPARADIES

Architekt: Herbert Schaudt, Konstanz; Projektleiter: Uli Fritz

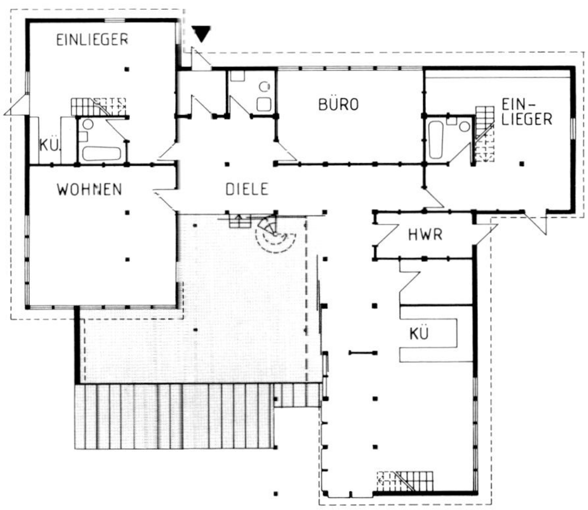

Grundriß Erdgeschoß

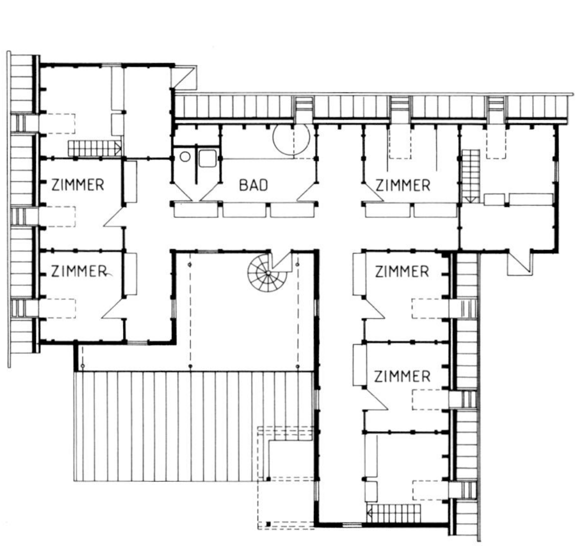

Grundriß Obergeschoß

Das Gelände für dieses Projekt war nicht leicht zu finden. Es wurde viel Platz benötigt für die fünfköpfige Familie, die Mitarbeiter und die Gärtnerei. In Frage kam schließlich ein Bauplatz zwischen Güterbahnhof und Industriehallen, aber mit einem sehr schönen, unverbauten Blick nach Westen in eine fast baumfreie Landschaft mit Äckern und Wiesen.

Das notwendige Raumprogramm wurde in drei Häusern mit steilen Pultdächern untergebracht, die sich um das zentral liegende Gewächshaus gruppieren. Auch das Glashaus erhielt ein Pultdach, das sich trotz seiner ungewöhnlichen Höhe von 11,50 Metern harmonisch in den Baukomplex einfügt. Das Gewächshaus ist nach Südwesten verglast und bietet dadurch auf der Wetterseite einen idealen Windschutz. Gleichzeitig wirkt die riesige Glasfläche als energiesparende Wärmefalle. Als Sonnenschutz wurde auf der Innenseite ein Spezialgewebe mit Aluminiumstreifen vorgesehen. Diese Wahl hat sich als richtig erwiesen, denn die Temperaturen steigen selbst an heißen Tagen nicht wesentlich über die Außentemperatur an. Grund dafür ist auch die natürliche Thermik, die für ein gutes Klima sorgt. Bei extremer Hitze kann die Wärme unter dem First in den großen Kiesspeicher unter dem Fußboden im Gewächshaus abgeleitet werden.

Die Bepflanzung ist, wie sollte es bei einem Profigärtner auch anders sein, üppig. Doch ging es nicht ganz ohne Rückschläge ab. Da bei niedrigen Temperaturen im Glashaus kaum mehr als fünf Grad gehalten werden können, überlebten den ersten Winter nur die hartnäckigen subtropischen Gewächse, wie Akazien, Zitrusgewächse, Feigen und Passionsblumen.

TECHNISCHE DATEN

Bauaufgabe: Neubau eines Wohn- und Betriebsgebäudes mit Gewächshaus
Größe des Gewächshauses: 96 m^2
Konstruktion und Verglasung: Aluminium-Konstruktion und genormte Isolierverglasung aus dem Gewächshausbau
Belüftung: Elektronisch gesteuerte Fensterflügel; Türen nach außen und zu den angrenzenden Wohnräumen. Die Warmluft kann unter dem First abgesogen und in einen Kieskoffer zur Speicherung geleitet werden
Sonnenschutz: Innenliegende Sonnenschutzanlage aus transparentem Foliengewebe mit Aluminiumstreifen (60% Metallanteil) aus dem Gewächshausbau. Dieser sogenannte Energieschirm kann auch nachts zugezogen werden, um die tagsüber eingefangene Sonnenwärme im Glashaus länger zu halten

◇

Das Motiv des Pultdaches bestimmt die Architektur aller Bauteile: der Baukörper der drei Haupthäuser, der Glashäuser und auch des großen Glasdaches über dem Freisitz.

◇

Gegensätze: Die Öffnung zu Licht und Sonne, aber auch zur Industriebrache, wie sie im Hintergrund zu erkennen ist.

◇

Lichtstimmungen: Nach Südwesten der weite Blick über Äcker und Wiesen

WÄRMEFALLE FÜR EIN MINIMALKOSTENHAUS

Architekt: Helmut Kuess, Bregenz

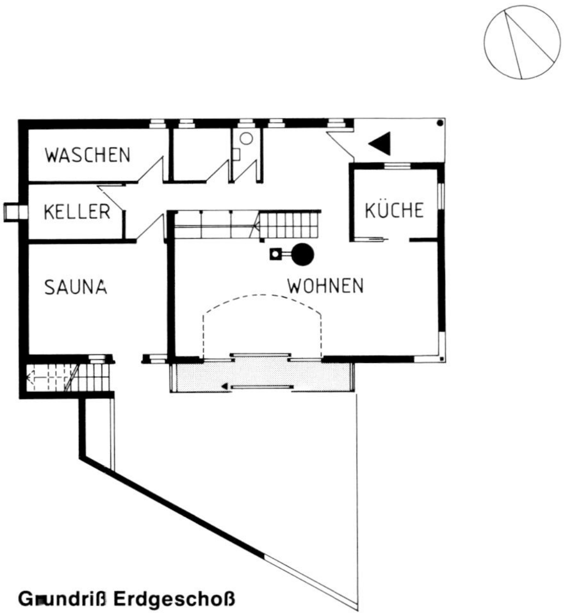

Grundriß Erdgeschoß

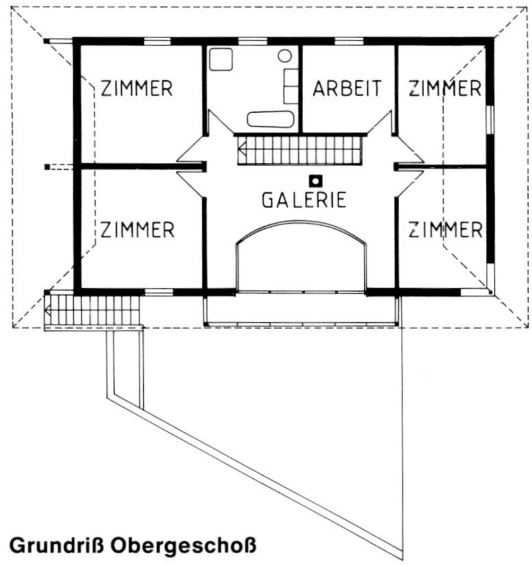

Grundriß Obergeschoß

Sahen die Solarhäuser der ersten Generation der frühen achtziger Jahre oft noch recht martialisch aus, so ist das klare Konzept der »Wärmefalle« dieses Hauses schon ein ganz selbstverständlicher Bestandteil der Architektur. Nur die schmalen weißen Aluminiumprofile weisen darauf hin, daß es sich hier nicht um eine »normale« Fassade handelt, sondern um die Rückbesinnung auf das Motiv der traditionellen Holz-Glasvorbauten des von der Sonne begünstigten Voralpenraumes.
Die gläserne zweite Haut aus schlanken Holzprofilen steht einen Meter vor der eigentlichen Fassade. Die dahinter liegenden massiven, dunkel gestrichenen Wandscheiben nehmen die eindringende Wärme auf, die dann bei Bedarf dem Haupthaus über Türen und Fenster zugeführt werden kann. Und im Winter, bei tief stehender Sonne, ermöglicht die Öffnung des Innenraumes durch eine Galerie die Direkteinstrahlung bis in die Tiefe des Hauses. Der Effekt: erheblich geringerer Energieverbrauch als bei herkömmlichen Einfamilienhäusern. Geheizt wird vorwiegend mit Holz über den zentralen Ofen, der bei Bedarf durch eine Elektroheizung unterstützt werden kann.

TECHNISCHE DATEN

Bauaufgabe: Neubau eines Minimalkostenhauses mit hohem Eigenleistungsanteil und Minimierung des laufenden Energiebedarfs
Größe der Wärmefalle: 6 m × 1 m
Konstruktion: Obergeschoß und Wintergarten als Holzständerwerk (5 cm × 10 cm) mit einbrennlackierten Alu-Abdeckprofilen
Energiekonzept: Passivsolarnutzung, Holz-Kohleofen mit Elektronotheizung für einen minimalen Energiebedarf von 5000 kWh/Jahr bei 135 m^2 Wohnfläche (ca. 40% unter vergleichbaren Einfamilienhäusern)

◇

Über beide Geschosse reicht die bewährte »Wärmefalle«, ein schmaler, gläserner Vorbau, der sehr viel mehr bietet als ein reiner Sonnenkollektor.

◇

Der Garagenvorbau verbindet das Straßenniveau mit dem Wohnhaus. Seine Hauptfassade weist nach Süden, der Sonne entgegen.

◇

Der schmale Glasbau und die eingeschnittene Galerie schaffen eine einmalige Raumqualität.

◇

Der massive Fußboden und die seitlichen, dunkel gestrichenen Wandscheiben dienen als Speicherflächen.

GRÜNES SOLARHAUS AUF DER SCHWÄBISCHEN ALB

Architekt: Fred Möllring, Planungsbüro LOG ID

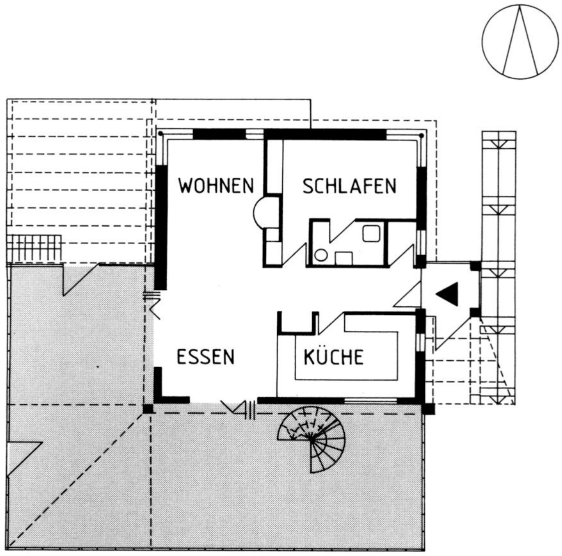

Grundriß Erdgeschoß

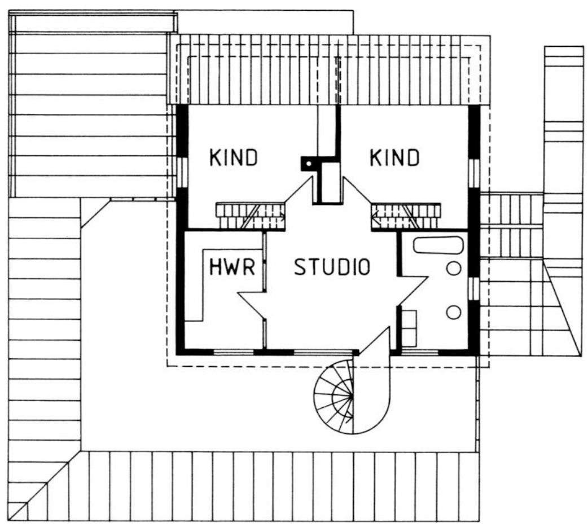

Grundriß Obergeschoß

Grüne Solararchitektur bedeutet, möglichst flexibel und effektiv mit der Sonnenenergie umzugehen; jedoch ohne hohen technischen Aufwand. Dafür aber mit einem Wintergarten, der in diesem Entwurf sogar mehr als ein Drittel der gesamten Wohnfläche ausmacht.

Die passive Nutzung der Warmluft aus dem Glashaus wird ermöglicht, indem die Faltschiebetüren zum Kernhaus geöffnet werden. Bei Abwesenheit der Hausbewohner wird der Luftaustausch durch Ventilatoren unterstützt.

Bei dem Entwurf erschien es zunächst als problematisch, daß die schönste Aussicht vom Grundstück nach Norden lag. Doch mit einigen Kunstgriffen konnte der Nachteil wettgemacht werden: Es entstand eine Lösung mit dem geräumigen Glashaus auf der Südseite und wenigen gezielt ausgerichteten, kleineren Fenstern auf Aussichtspunkte im Norden.

Und dann die Pflanzen: Auf großzügig angelegten Beeten sind subtropische Gewächse gepflanzt worden, die dem Klima unter Glas am besten standhalten: duftender Eukalyptus, Olivenbaum, Palmen, Feigen und Bleiwurz. Die Pflanzen werden automatisch aus einem Regenwasserspeicher versorgt.

TECHNISCHE DATEN

Planungsaufgabe: Einfamilienhaus in klimatisch ungünstiger Lage (lange Winter, sehr windig) mit der Schaffung einer grünen Oase

Grundfläche: Etwa 180 m^2 für das Wohnhaus mit Einliegerwohnung (830 m^3 umbauter Raum) und etwa 100 m^2 für das Glashaus (470 m^3 umbauter Raum)

Konstruktion: Feuerverzinkte Stahlkonstruktion

Verglasung: Hochwärmegedämmtes Isolierglas

Über eine Länge von mehr als 14 Metern rahmt das Gewächshaus das verhältnismäßig kleine Kernhaus auf seiner Südseite ein.

Die Nordseite des Hauses wirkt ganz verschlossen. Die wenigen Fenster sind dort angeordnet, wo der Ausblick in die Landschaft lohnend ist.

◇

Absorber auf dem Glashaus, hier geschickt eingebaut, werden zur Produktion von Warmwasser verwendet.

◇

Hier wird das Wohnen im Grünen leicht gemacht. Die Grüne Solararchitektur ermöglicht den Umgang mit Pflanzen zu jeder Jahreszeit. Das Kernhaus wird durch passive Nutzung der erwärmten Luft aus dem Glashaus beheizt, indem die Falttüren geöffnet werden.

◇

Das Grün im Gewächshaus gedeiht so üppig, daß bereits im zweiten Jahr auf jede künstliche Beschattung verzichtet werden kann. Das Klima ist stets angenehm, da die Öffnungen für die Zu- und Abluft großzügig bemessen sind.

◇

Palmen, Eukalyptus, Olivenbaum und der hellblau blühende Bleiwurz (Plumbago) sind typische Vertreter der bewährten subtropischen Flora, die das Klima im Wintergarten gut vertragen.

ANHANG

LITERATUR

Aktionsgemeinschaft Glas im Bau (Hrsg.)
Glasanbauten und moderne Wintergärten; Mit Glas und mit der Sonne bauen; Erlebnisräume und Raumerlebnisse, Düsseldorf (o. J.)

Balkow, von Bock, Krewinkel, Rinkens
Glas am Bau, Stuttgart 1986

Bill-Janda, Fischer
Energie und Nahrung aus dem Solargewächshaus, München 1983

Bundesministerium für Raumordnung, Bauwesen und Städtebau (Hrsg.)
Handbuch – Passive Nutzung der Sonnenenergie, Bonn 1984

Creative Design Group
Mehr Haus, mehr Sonne, mehr Geld, Troisdorf 1983

Döring (Hrsg.)
Porös, TH Aachen, Nr. 17/84

Faskel
Die Alten bauten besser, Frankfurt 1982

Faskel, Nicolic
Gebäudeplanung, Gesamtkonzeption, Schriftenreihe des Bundesministers für Raumordnung, Bauwesen und Städtebau, Bonn 1983

Freymuth
Diagrammsatz Sonnenwärme, Institut für Tageslichttechnik, Stuttgart; Veröffentlichung 135 der Forschungsgemeinschaft Bauen und Wohnen, Stuttgart 1982

Furuta
Interior Landscaping, Reston 1983

Gesamthochschule Kassel
Fachbereich Stadt- und Landschaftsplanung Leberecht Migge 1831–1935, Bremen 1981

Mc Grath, Frost
Glass in Architecture and Decoration, London 1961

Grüne Häuser
Entwürfe für die Bundesgartenschau 1985 in Berlin, Berlin 1983

Guenon, Kalmanovitch
Glashäuser zum Wohnen, Wiesbaden, Berlin 1983

Hafer, Böhmer
Glasarchitektur, Bewohnte Glashäuser und Glasanbauten, Köln 1985

Hauser
Energetische Auswirkungen und sommerliches Temperaturverhalten eines Wintergartens, Kunststoffe im Bau, Heft 4/1984

Herzog, Natterer
Gebäudehüllen aus Glas und Holz, Lausanne 1984

Hillmann, Nagel, Schreck
Klimagerechte und energiesparende Architektur, Karlsruhe 1981

Hix
The Glass House, Cambridge, Massachusetts, 1981

Hütsch
Der Münchner Glaspalast 1854 bis 1931, Berlin 1985

Kiraly
Architektur mit der Sonne, Karlsruhe 1981

Kohlmaier, von Sartory
Das Glashaus, München 1981

Koppelkamm
Künstliche Paradiese, Berlin 1988

Koppelkamm
Gewächshäuser und Wintergärten im neunzehnten Jahrhundert, Stuttgart 1981

Log ID
Grüne Archen, Frankfurt 1982

Log ID
Wintergärten, Tübingen 1986

Lorenz-Ladener
Solargewächshäuser, Kassel 1981

Lutz, Jenisch, Klopfer, Freymuth, Krampf
Lehrbuch der Bauphysik, Stuttgart 1985

Manaker
Interior Plantscapes, New Jersey 1981

Neumann
Glashäuser aller Art (Nachdruck von 1852), Wiesbaden/Berlin 1984

Reusch
Geschichte der Nutzung der Solarenergie, Dissertation Hannover 1982

Salomon de Caus
Hortus Palatinus, Die Entwürfe zum Heidelberger Schloßgarten 1620, Reprint, Worms 1980

Schäfer
Messungen an Sonnenhäusern, Zürich 1985

Scheerbart
Glasarchitektur, München 1971

Schempp, Kramp
Mensch und Pflanze, Karlsruhe 1982

Schild
Zwischen Glaspalast und Palais des Illusions, Frankfurt a. M., Berlin 1967

Siedlungsplanung mit passiver Solarenergie
Oberseminararbeit, Freising 1985

Stein
Blumenfenster und Wintergarten, Stuttgart 1984

Timm
Der Wintergarten, 3. Aufl., München 1990

Tonne
Besser bauen mit Besonnungs- und Tageslicht-Planung, Schorndorf 1954

Tresidder, Cliff
Living under Glass, London 1986

Twarowsky
Sonne und Architektur, München 1982

Verbraucherzentrale Niedersachsen
Wintergärten, Hannover 1985

Wachberger
Mit der Sonne bauen, München 1983

Weichardt
Grüne Solararchitektur, Karlsruhe 1982

Wintergärten
Glasanbauten, Gewächshäuser, Gartenzimmer, München 1986 (Originalausgabe: Conservatories and Gardenrooms, London 1985)

Woods + Warren
Glass Houses, London 1988

Wright
Sonne, Natur, Architektur, Karlsruhe 1980

48 Solarhäuser
Modell Lahnstuhl, Karlsruhe 1982

ARCHITEKTENVERZEICHNIS

Prof. Dr. Ing. Hartmut Niederwöhrmeier
Dr. Ing. Heidi Kief-Niederwöhrmeier
Freie Architekten BDA
Mitarbeiterin: Cornelia Benstein
Bertastraße 9
90480 Stein-Nürnberg
S. 178/179

Theodor Nieland
Dipl.-Ing. Architekt
Burgstraße 16
34311 Naumburg
S. 86/87

Karl Odorizzi
Dipl.-Ing. Architekt
Camillo-Sitte-Straße 36
A – 4600 Wels
S. 74–77

Oxen + Römer
Dipl.-Ing. Architekten BDA, BDB
Gottesweg 165
50939 Köln
S. 57–61

Horst Herbert Parson
Dipl.-Ing. Architekt
Erzherzog-Eugen-Straße 3
A – 6020 Innsbruck
S. 124–127

Richard Pawlowski
Dipl.-Ing. Innenarchitekt
Agnes-Miegel-Weg 10
48231 Warendorf
S. 80/81

Dipl.-Ing.
Stephan Philipp
Thierschstraße 42
80538 München
S. 140–143

Clemens Richarz
Freier Architekt BDA
Liststraße 9
70180 Stuttgart
S. 156–159

Rissdorfer Reissbrett
Gernot + Roswitha Schlüter
Dipl.-Ing. Architekten
Rochusstraße 8
53894 Mechernich-Rissdorf
S. 62–66

Hans Roth
Dipl.-Ing. Architekt
Kronengasse 3
75365 Calw
S. 45–47

Michael Ruhl, Karl H. Geissler
Dipl.-Ing. Architekten
Lange Reihe 2
36358 Herbstein
S. 78/79

Herbert Schaudt
Seestraße 1
78464 Konstanz
S. 188, 193–196

Dr. Horst Schmitges
Dipl.-Ing. Architekt
Wallstraße 9
41061 Mönchengladbach
S. 153–155

Dipl.-Ing.
Ulrike Schnappinger
Bereiteranger 15
81541 München
S. 170/171

Angelika Scholz
Dipl.-Ing. Architektin
Alsterdorfer Straße 245
22297 Hamburg
S. 48–50

Hans H. Seibold
Dipl.-Ing. Architekt BDA
Sierichstraße 56
22301 Hamburg
S. 14

Spyra, Wolff, Zech
Dipl.-Ing.
Ulrich Spyra, Helmut Wolff
Stefan-Andreas Zech
Mansteinstraße 56
20253 Hamburg
S. 134/135

Hans Jürgen Steuber
Dipl.-Ing. Architekt
Mörfelder Landstraße 10
60598 Frankfurt
S. 151/152

Brigitte Streb
Dipl.-Ing. Architektin
Isestraße 23
20144 Hamburg
S. 38–41

Peter Wagler
Dipl.-Ing. Architekt
Schumannstraße 5
81679 München
S. 15

Dipl.-Ing. Herbert von Wehrden
Beethovenstraße 48–52
63263 Neu-Isenburg
S. 175–177

Peter H. Wilkens
Dipl.-Ing. Architekt BDA
Hochrad 74
22605 Hamburg
S. 82–85

Die Architekten von Projekten außerhalb der Dokumentation:

Schutzumschlag Vorderseite: Jürgen Hornemann, Greven
Schutzumschlag Rückseite: Peter H. Wilkens, Hamburg
Seite 2: Ulrich Franzen & Associates, Architects, New York, USA
Seite 24–27: Wolf-Eckart Lüps, Utting
Seite 28: Ulrich Spyra, Stefan-Andreas Zech, Hamburg
Seite 107: Machin Design Ltd., London, Vertrieb: C. Busch, Das Glashaus, An der Eilshorst 15, 22927 Großhansdorf
S. 123: Jürgen Hornemann, Greven
S. 189: Herbert Schaudt, Konstanz

HERSTELLERVERZEICHNIS

S. 38–41	Cornelius Korn GmbH, Wedel
S. 42–44	Falk, Lübeck
S. 45–47	Krähe und Wöhr, Pleidelsheim
S. 48–50	Cornelius Korn, GmbH, Wedel
S. 51–56	J. + J. Weiherer, Achenmühle
S. 62–66	Energieladen, Köln
S. 78, 79	Zimmerei Wichmann, Herbstein
S. 80, 81	Solar Diamant System GmbH, Wettringen
S. 82–85	Cornelius Korn, Wedel
S. 86, 87	Schüco, Bielefeld
S. 98–100	Holz Quartett, Köln
S. 112, 113	J. Eberspächer, Esslingen
S. 118–121	Krähe und Wöhr, Pleidelsheim
S. 132/133	Breidenbach, Peiting
S. 144–147	Sunray 50, Ziegler, Dornhan
S. 156–159	Krähe und Wöhr, Pleidelsheim
S. 168, 169	Solar Diamant System GmbH, Wettringen
S. 172–174	Seessle, Geislingen/Steige
S. 186, 187	Rheiner Stahlbau GmbH, Rheine

BILDNACHWEIS

Schutzumschlag Vorderseite	Jürgen Hornemann, Greven
Schutzumschlag Rückseite	Archiv Wilkens, Hamburg
S. 2	Balthazar Korab, Troy/USA
S. 6/7	Schöner Wohnen/Gary Rogers, Hamburg
S. 8/9	Peter Munster, Hamburg
S. 10	Claude Kühne, Wien, Zürich
S. 11	Town & Country Conservatories, London
S. 14	Hans H. Seibold, Hamburg
S. 15	Peter Wagler, München
S. 21	Schöner Wohnen/Lutz Guderian, Hamburg
S. 22	Jens Willebrand, Köln
S. 25	Hans Engels, München
S. 26	Hans Engels, München
S. 28	G. von Bassewitz, Hamburg
S. 31	Michael Müller, Göppingen
S. 33	Peter Munster, Hamburg
S. 35	Schöner Wohnen/Gary Rogers, Hamburg
S. 37	Town & Country Conservatories, London
S. 38–41	Antje-Katrin Hansen, Hamburg
S. 42–44	Dr. Wolfgang Ullrich, Lübeck
S. 45–47	Archiv Hans Roth, Calw
S. 49, 50	Schöner Wohnen/Gary Rogers, Hamburg
S. 52–56	Oliver Maier, München
S. 57–61	Friedhelm Thomas, Budde, Berlin
S. 62–66	Archiv Gernot und Roswitha Schlüter, Mechernich-Rissdorf
S. 68–73	Ottmar Schnee, Steinbach/Taunus und Archiv H. Boerdner, Hünstetten/Taunus
S. 75–77	Pia Odorizzi, Wien
S. 78, 79	Archiv Michael Ruhl, Karl Geissler, Herbstein
S. 81	Foto Eick, Emsdetten
S. 83–85	Uwe Widmann, Hamburg
S. 86, 87	Bernd Haustein, Naumburg
S. 89, 90	Archiv P. C. Herdel, N. Stärz, Darmstadt
S. 92, 93	Franklin Hollander, Hamburg
S. 95	Brigitte Hempel, Wien
S. 96, 97	Dr. Wolfgang Ullrich, Lübeck
S. 99, 100	Dorothea Heiermann, Köln
S. 101–105	Heiner Leiska, Staatliche Landesbildstelle Hamburg
S. 106	Schöner Wohnen/Gary Rogers, Hamburg
S. 109–111	Heiner Leiska, Hamburg
S. 112, 113	Klaus Schubert, Hamburg
S. 115	Juan A. Gonzalez, Berlin
S. 116	Archiv Rolf Leinweber, Berlin
S. 118–121	Reiner Blunck, Tübingen
S. 123	Archiv Jürgen Hornemann, Greven
S. 125–127	Archiv Horst Herbert Parson, Innsbruck
S. 129–131	Gary Rogers, Hamburg, LOG ID/Blunck
S. 133	Robert Frische, Münsing
S. 135	Archiv U. Spyra, H. Wolff, S.-A. Zech, Hamburg
S. 137–139	Archiv Fink, Martin und Partner AG, Schwyz
S. 141–143	Archiv Stefan Philipp, München
S. 145–147	Richard Schenkirz, Leonberg
S. 149, 150	Jürgen Wüchner, Fürth
S. 151, 152	Richard Schenkirz, Leonberg
S. 154, 155	Jürgen Becker, Düsseldorf
S. 157–159	Archiv Clemens Richarz, Stuttgart
S. 160, 161	Archiv Manfred J. W. Hecker, Düsseldorf
S. 162–164	Csaba Mester, Bielefeld
S. 166, 167	Archiv Kaup, Scholz und Partner, München
S. 168, 169	Archiv Jürgen Hornemann, Greven
S. 170, 171	Archiv Büro Schnappinger, München
S. 173, 174	Michael Müller, Eislingen
S. 175–177	Archiv von Wehrden, Neu-Isenburg
S. 178, 179	Archiv Niederwöhrmeier, Nürnberg
S. 181–182	Archiv Schnebli, Ammann, Ruchat, Zürich
S. 184, 185	Schöner Wohnen/Hajo Willig, Hamburg
S. 187	MBN, Georgsmarienhütte
S. 188	Schöner Wohnen/Gert von Bassewitz, Hamburg
S. 189	Schöner Wohnen/Gert von Bassewitz, Hamburg
S. 191, 192	Archiv LOG ID, Tübingen
S. 194–196	Schöner Wohnen/Gert von Bassewitz, Hamburg
S. 198, 199	Wilhelm Schnöll, Salzburg
S. 201–203	Rainer Blunck, Tübingen
S. 207	Schöner Wohnen/Gary Rogers, Hamburg